Android用户体验与UI设计

范美英◎著

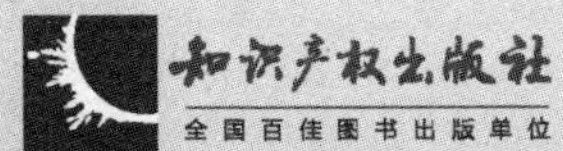

图书在版编目（CIP）数据

Android 用户体验与 UI 设计/范美英著. —北京：知识产权出版社，2015.7
ISBN 978－7－5130－3573－6

Ⅰ. ①A… Ⅱ. ①范… Ⅲ. ①移动终端—应用程序—程序设计 Ⅳ. ①TN929.53

中国版本图书馆 CIP 数据核字（2015）第 134765 号

内容提要

本书是一部介绍 Android 用户体验、UI 设计理念和方法论的作品。本书采用图文并茂的方式，在归纳用户体验的宗旨和要素并阐述界面用户体验的表达途径的基础上，给出了用户体验、界面设计、智能手机的概念界定。阐述了 Android 特有的碎片化问题及其根源，提出了心理模型将对 UE 设计产生的影响和作用。在此前提下，总结了一系列在为智能手机应用软件进行界面设计时需要注意的影响因素、实施步骤以及各步骤可以使用的设计原则。同时，针对许多设计者的困惑“如何制作可伸缩的图形从而适应可伸缩的界面”，做了详细的解释和说明。最后，介绍了 Material Design 这一新型的视觉设计语言及其详细的设计细节和原则。

责任编辑：甄晓玲　　**责任校对**：孙婷婷
封面设计：马邵杰　　**责任出版**：刘译文

Android 用户体验与 UI 设计

范美英　著

出版发行：知识产权出版社有限责任公司	**网　　址**：http：//www.ipph.cn
社　　址：北京市海淀区马甸南村 1 号	**天猫旗舰店**：http：//zscqcbs.tmall.com
责编电话：010－82000860 转 8393	**责编邮箱**：flywinda@163.com
发行电话：010－82000860 转 8101/8102	**发行传真**：010－82000893/82005070/82000270
印　　刷：三河市国英印务有限公司	**经　　销**：各大网上书店、新华书店及相关专业书店
开　　本：720mm×1000mm　1/16	**印　　张**：8.5
版　　次：2015 年 7 月第 1 版	**印　　次**：2015 年 7 月第 1 次印刷
字　　数：139 千字	**定　　价**：25.00 元

ISBN 978-7-5130-3573-6

目　录

第 1 章　用户体验（UE）与界面设计（UI）简介 …… 1
1.1　什么是用户体验（UE） …… 1
1.1.1　无处不在的用户体验 …… 1
1.1.2　良好用户体验的特点 …… 3
1.1.3　APP 中 UE 设计需要考虑的问题 …… 5
1.2　什么是用户界面（UI） …… 7
1.2.1　从用户体验到用户界面 …… 7
1.2.2　移动 APP 要关注用户界面设计 …… 8
1.3　结论 …… 10
第 2 章　Android 平台介绍 …… 11
2.1　主流的移动应用开发系统平台 …… 11
2.1.1　iOS 平台 …… 11
2.1.2　Android 平台 …… 13
2.1.3　Windows Phone 平台 …… 16
2.2　Android 的不同版本 …… 18
2.2.1　Android 1. x 系列 …… 18
2.2.2　Android 2. x 系列 …… 19
2.2.3　Android 3. x 系列 …… 20
2.2.4　Android 4. x 系列 …… 22
2.2.5　Android 5. x 系列 …… 24
2.3　常见的 Android 设备 …… 25
2.3.1　智能手机 …… 26

2.3.2 平板电脑 …… 32
2.3.3 其他智能设备 …… 33
2.4 Android 的碎片化问题 …… 34
2.4.1 碎片及其产生的原因 …… 34
2.4.2 碎片化产生的影响 …… 35
2.5 结论 …… 37
第3章 从心理模型到UE设计 …… 38
3.1 心理模型 …… 38
3.1.1 什么是心理模型 …… 38
3.1.2 理解用户心理模型的重要作用 …… 40
3.2 UCD 模式下 UE 设计的基本流程 …… 42
3.2.1 有效的市场调查 …… 42
3.2.2 研究真正的用户 …… 46
3.2.3 准确理解用户需求 …… 48
3.2.4 确定用户的核心目标 …… 50
3.2.5 设计 APP 原型 …… 51
3.3 UE 设计中的敏感要素 …… 54
3.3.1 功能可见 …… 54
3.3.2 减少记忆 …… 56
3.3.3 响应时间 …… 58
3.4 结论 …… 60
第4章 开始UI设计 …… 61
4.1 格式塔原理——UI 设计的魔法棒 …… 61
4.1.1 格式塔原理概述 …… 61
4.1.2 组别划分类原理 …… 62
4.1.3 整体感知类原理 …… 63
4.1.4 吸引注意类原理 …… 65
4.2 确定 UI 的设计风格 …… 66
4.2.1 拟物化风格 …… 66
4.2.2 扁平化风格 …… 66

4.2.3 手绘体风格 …… 70
4.3 合理使用色彩设计 UI …… 70
4.3.1 人对色彩的感知 …… 70
4.3.2 结合硬件选用色彩 …… 72
4.3.3 根据用户需求使用色彩 …… 72
4.3.4 色彩的使用准则 …… 74
4.4 设计 APP 的图标 …… 75
4.4.1 设计图标需遵循的原则 …… 75
4.4.2 Android 应用图标的设计规范 …… 76
4.4.3 设计图标的几种思路 …… 77
4.5 结论 …… 77

第 5 章 可伸缩的 UI …… 78
5.1 与 UI 有关的术语 …… 78
5.1.1 屏幕分辨率 …… 78
5.1.2 屏幕尺寸 …… 80
5.1.3 屏幕密度 …… 80
5.1.4 屏幕无关像素与刻度无关像素 …… 81
5.2 为资源配置限定符 …… 82
5.2.1 与屏幕有关的限定符 …… 83
5.2.2 语言限定符 …… 85
5.2.3 其他限定符 …… 86
5.2.4 组合限定符 …… 86
5.3 可伸缩的图形 …… 86
5.3.1 九宫格图（Nine - Patch） …… 86
5.3.2 用 XML 定义的简单图形 …… 88
5.3.3 动态绘制图形 …… 90
5.4 响应式设计 …… 91
5.4.1 概述 …… 91
5.4.2 响应式设计的适用场景 …… 92
5.4.3 为 Android 应用设计响应式 UI …… 93

5.4.4 一些响应式 UI 设计工具…………………………………………………………… 97
5.5 结论 ………………………………………………………………………………… 99

第 6 章 Material Design 视觉设计语言 ……………………………………… 100

6.1 Material Design 简介 …………………………………………………………… 100
6.1.1 目标…………………………………………………………………………… 101
6.1.2 设计原则……………………………………………………………………… 102
6.2 Material Design 的细节 ………………………………………………………… 105
6.2.1 用动画建立有意义的关联…………………………………………………… 105
6.2.2 用明艳的色彩指引视觉……………………………………………………… 107
6.2.3 形式多样的按钮……………………………………………………………… 108
6.2.4 字体与排版…………………………………………………………………… 110
6.3 结论………………………………………………………………………………… 112

附 录 ……………………………………………………………………………… 113

附录 A 常见的 Android 用户体验设计准则 ……………………………………… 113
附录 B Android 应用设计规范 ……………………………………………………… 115
附录 C Android UI 设计的 10 个建议 ……………………………………………… 117
附录 D Android 中常见的颜色与值对照表………………………………………… 123

参考文献 …………………………………………………………………………… 124

后 记 ……………………………………………………………………………… 129

第1章

用户体验（UE）与界面设计（UI）简介

1.1　什么是用户体验（UE）

1.1.1　无处不在的用户体验

无论吃饭、穿衣，还是休闲、旅行，参与者都有其各自的体验。如果把这些参与者统称为用户，那么可以说用户体验无处不在。

相信很多人喝过速溶咖啡。以雀巢咖啡为例，图1－1和图1－2分别展示了多年前的方形包装和现在的条形包装示意图。如今为什么要将包装改成条形？因为这样不仅方便携带，而且便于用户撕开，更重要的是不容易在用户倾倒咖啡时撒出来。

图1－1　雀巢咖啡方形包装袋

图1－2　雀巢咖啡条形包装袋

乘坐过香港迪斯尼地铁的游客，一定对图 1－3❶ 所示的地铁车厢印象深刻。可爱的 Mickey 头像在保证车窗实用性的同时，也为游客传递出了迪斯尼公园带来的童真童趣，可谓妙趣由此开始。

图 1－3　开往迪斯尼的地铁车厢

乐视网 CTO 杨永强先生曾说，"我们有义务为 4 亿多中国用户提供在任何地方观看任何正版影视内容的服务，我们有责任为这些用户提供高清晰度、高流畅度的观感体验"。❷

创立于 2008 年的驴妈妈旅游网，是中国领先的新型 B2C 旅游电子商务网站。在其第一版"驴妈妈"网站推出后，已经改版数次，并逐步成为中国景区的国际窗口，同时成为国际景区在中国的展示平台。不仅如此，该网站为了能够持续改善产品和服务，推出了一个长期项目——用户体验平台。

从上面的各个例子可以看出，雀巢包装袋的改良设计关注的是用户的交互体验——便于撕，不易撒；迪斯尼地铁的车厢设计关注的是用户的情感体验——童趣；乐视网使用一系列技术满足的是用户的感觉体验——高

❶ 图片来源：http：//www. uutuu. com/fotolog/photo/1335017/，2014. 12。

❷ 赵毅，乐视网：视频无处不在　提升用户体验是关键，http：//network. 51cto. com/art/201101/243927. htm，2011. 1. 24。

清晰、高流畅；驴妈妈旅游网站推出的“用户体验平台”更是全方位地让用户享受到尊重的体验——无论是否注册都可以随意分享旅行点滴。

那么，什么是用户体验呢？FaceUI 创始人朱佳明说，用户体验是在使用产品或服务中建立的感受。❶ 用户体验（User Experience，简称 UE/UX）是用户在使用产品过程中建立起来的纯主观的感受。计算机技术和互联网的发展，使技术创新形态正在发生转变，以用户为中心、以人为本越来越受到重视，用户体验也因此被称作创新 2.0 模式的精髓。❷ 也有人说用户体验指的是用户访问一个网站或者使用一个产品时的全部感受，即网站和产品给用户留下的印象。❸

1.1.2 良好用户体验的特点

在 2012 年 5 月北京召开的全球移动互联网大会上，腾讯公司董事会主席兼首席执行官马化腾表示，PC 互联网是 Web 为王的年代，而移动互联网则是 APP 为王。APP 里大量同类的应用，能否脱颖而出的关键往往并不在于它的功能，而重点在于交互设计是不是足够有创意。APP 如果在 5 至 10 秒内不能抓住用户，就会被迅速删掉；如果能抓住用户，说明用户很满意，并且可能会很快在朋友圈里流传。很多产品不应该分为高端和低端，主要看用户是否觉得自然、好用，中国整个移动互联网应用水平要提升，就一定要特别关注用户体验。❹

同是 2012 年，著名天使投资人周鸿祎也提到，当今的时代是一个体验为王的时代。❺ 在移动互联时代，产品是否能成功取决于产品是否能为用户带来良好甚至优秀的体验。那么，什么是良好的用户体验呢？在周鸿祎眼中，良好的用户体验应该具备以下特点：

---

❶ 李永伦，Faceui 创始人访谈：移动应用的用户体验，http：//www.infoq.com/cn/news/2013/04/faceui，2013.4.28。

❷ 百度百科，用户体验，2015.1.10。

❸ 互联网那点儿事，用户体验（UE）要素与设计，http：//www.ued361.com/ued/5349.html，2014.4.4。

❹ 赵洋、马化腾，用户体验关系到整体应用水平的提升，http：//tech.hexun.com/2012-05-10/141263620.html，2012.5.10。

❺ 周鸿祎，什么是好的用户体验？http：//blog.sina.com.cn/s/blog_49f9228d01015jww.html，2012.8.28。

第一，贯穿每一个细节。

拉斯维加斯有一家酒店，顾客退房结账完毕准备离开的时候，酒店会为顾客提供两瓶饮用水。因为退房的客人驾车去机场，中间要穿越一片荒漠，徒步行走约40分钟，天气很热会口渴。这个举措让这家酒店的回头率特别高。这两瓶水并不值多少钱，但是这一举动超出了顾客的预期，让顾客很感动。

微信在细节方面做的也是可圈可点，它提供的小视频功能可谓是首创，改变了社交圈子只能发图片的痛点。微信不仅捕捉到了用户发视频的需求，还开放了选择播放时机的功能。例如，用户可以选择在有 Wi-Fi 的情况下才播放视频，这样便为用户节约了数据流量。这种选择让用户得到了更好的体验，正是这种贴心的细节服务才使它拥有了如今的用户数量!

第二，让用户有所感知。

网易财经网2014年6月份报道，从2011年10月起，在不到3年的时间里，小米手机从0做到了100亿美元市值。这样的数据令人惊叹，它源于小米人的“感知”意识。具有小米特色的1小时快修服务让用户真实地感觉和体验到了“速度”。从前台受理用户售后开始，到全部维修服务结束，小米承诺不超过1小时。为了让用户的体验更加直接，维修工单的进度会被实时地投放到小米电视上，做到整个流程透明化，这让用户的体验更爽，如图1－4[1]所示。

图1－4　小米快修服务实时投放

---

[1] 图片来源：http：//money. 163. com/14/0630/08/9VVOQDCJ00253g87. html，2014. 11。

第三，为用户带来惊喜。

在 iPhone 6 首发日，无数果粉在苏宁享受到了随时随地、随心所欲的购物体验。想亲身体验，就直接到门店；想网上下单，就连夜送达。iPhone 6 零点正式开售，而如果你选择的是线上下单、家里坐等，什么时候能拿到手机？两小时，一小时，还是半小时？苏宁给出的答案是5 分钟。线上线下融合 O2O 模式使得苏宁迸发出了前所未有的速度体验、购物体验、服务体验，这些正带给消费者更多意想不到的惊喜。

此外，良好的用户体验需要设计者进行理智取舍。勇敢地放弃冗余功能，精心实现主体功能，并且让用户感觉到辅助功能真正处于辅助的位置，未曾喧宾夺主。从这点来看，具有良好用户体验的产品，不但要体现设计者丰富的想象力，也需要设计者懂得放弃和克制。

1.1.3 APP 中 UE 设计需要考虑的问题

苹果的产品是举世公认的用户体验之王，这源于苹果不做大众，而是为那些具有独立思想的人、有勇气抛弃世俗眼光特立独行的人、具有空杯心态愿意学习新事物的人、为了追求个人理想而不懈努力的人、想改变世界的人做产品。苹果产品的用户体验就是满足这些目标用户的极致体验，让产品来适应用户，而不是让用户来适应产品。苹果产品的用户体验之所以好，就是因为这些目标用户非常享受苹果产品为他们带来的与众不同的体验。任何一种产品，都不可能满足所有使用者的要求，企图迎合所有用户的价值观，最终结果就是无论哪种用户都会对产品不满意。

当前 APP 的开发平台种类很多，但占据市场最多的还是苹果公司的 iOS、Google 公司的 Android 和微软公司的 Windows Phone。对于移动应用来说，为了使 APP 拥有良好的用户体验，在用户体验设计时需要考虑哪些因素呢?

第一，界面创意适可而止。

App Store、Google Play 两大市场已成立 7 年有余，在此期间，APP 的竞争已经从当年的休闲级，逐渐演变为现在的超职业级层次。因此一个 APP 如果在配色、图层、界面的设计上，没办法得到用户的青睐，那就很难长期留住他们的心。所以，APP 的界面需要进行创意设计，界面创意的核心目的就在于友好地为用户提供高品质的服务。但是，如果丰富的界面组件、五彩缤纷的视觉效果弱化了 APP 的主体功能，分散了用户的注意力，那么，这些创意就是画蛇添足，违背了设计的初衷。有些资深设计者坦言，APP 最怕的就是“太酷炫”的使用界面，因为那通常也代表着用户的难以理解，他们不吝于偷窃主流 APP 的用户体验，原因在于这会让用户容易理解、容易上手。

第二，功能一定要“小而精”。

界面要简约，功能亦不能“大而全”。过多的功能会消耗移动设备的额外资源，不合理的功能设置会使 APP 变得臃肿，还会为开发者带来相当多的工作量，可谓事倍功半。

换到用户的角度再考虑，APP 的载体是移动设备，用户大部分时候怎样使用这些移动设备中的 APP 呢？饭菜出锅了，赶紧用手机拍下来，分享到朋友圈；赴异地出差，在机场用手机查询乘车路线建议；等候之余，拿手机看看当日的新闻头条；逛街饿了，用手机查看一下附近有哪些饭店，食客评价如何，推荐菜肴有哪些；刚刚做完头发，自拍后把不满意的地方用 APP 修饰一下，发微博……在 APP 充斥着每一个角落的今天，这些场景司空见惯。稍加总结，设计者们便会发现，用户使用 APP 做事情的时机、场合以及方式均注定了 APP 的功能不需要“大而全”。

再者，有限的硬件资源也无法保证功能“大而全”的 APP。虽然所有厂商都在不断地升级各自的移动设备配置，但是系统资源终究是有限的。每增加一个功能点，都会对这些有限的资源（如屏幕大小、电池电量、内存空间）形成挑战。

第三，既可自成体系又能互通有无。

许多 APP 的任务都不是单一的：需要在微信里加入图片，此时，微信与照片浏览有了链接；谜语游戏，有一个猜不出，给好友发个信息，此时，游戏应用与联系人有了链接……诸如此类的 APP 与系统固有功能之间的链接不胜枚举。

除此之外，能与其他 APP 取得链接的 APP 也为数众多。所以一款具有良好用户体验的 APP 不仅可以自成体系，而且可以与其他应用互通有无，移他山之石攻己之玉。

第四，要么前所未闻，要么鹤立鸡群。

在为 APP 做 UE 设计时，还需要考虑用户为什么会使用这款 APP？是由于其前所未闻、绝无仅有，抑或是无与伦比的超级体验？一款 APP 不可能解决其他 APP 都无法解决的问题，也不可能完成其他 APP 都无法完成的任务。

如果 APP 的关键字已经可以在移动应用商店中找到，然而色调和Logo的设计独树一帜、名称引人入胜、控件独具匠心、导航特立独行、奖励机制深入人心……那么即使有部分特点、功能或界面与其他 APP 重复，也无碍于它鹤立鸡群。

第五，需要关注目标用户对 APP 的满意度和忠诚度。

如果将 APP Store 视为一个大超市，那么任何一款 APP 都只是超市中的一个小商品，在设计前必须确定其卖点（核心价值）是什么。在设计时，一定要坚持以 APP 的核心价值为中心，区分目标用户和伪用户，配合商业模式去改善用户体验，用目标用户的忠诚度和商业指数来衡量产品的用户体验，才是 APP 的设计者们的终极追求目标。

1.2 什么是用户界面（UI）

1.2.1 从用户体验到用户界面

FaceUI 创始人朱佳明将“用户体验”分为广义的和狭义的两个概念。他认为狭义的用户体验指的就是用户界面上的体验。以前功能机为主流的时候，用户界面并没有这么重要，但现在一方面智能机屏幕的显示面积越来越大，另一方面触摸成为主要的交互模式，用户通过界面触发交互行为，所以用户界面在整个移动产品中的重要性有了很大提高。可以说在设计用户界面时其实就是在做用户体验，让用户在操作产品的过程中感受到顺畅和满意。[1]

---

[1] 李永伦，Faceui 创始人访谈：移动应用的用户体验，http：//www. infoq. com/cn/news/2013/04/FaceUI，2013. 4. 28。

从这个意义来看，用户界面是用户体验的一部分。那么什么是界面呢？

在人和机器的互动过程（Human Machine Interaction）中，有一个层面，即我们所说的界面（Interface）。从心理学意义来划分，界面可分为感觉（视觉、触觉、听觉等）和情感两个层次。❶

用户界面（User Interface，简称 UI，亦称使用者界面）被定义为系统和用户之间进行交互和信息交换的媒介，它可以实现信息的内部形式与人类可以接受的形式之间的转换。用户界面是介于用户与硬件之间，为彼此之间交互沟通而设计的相关软件，使得用户能够方便有效地去操作硬件以达成双向之交互，完成所希望的工作，用户界面定义广泛，包含了人机交互与图形用户界面，凡参与人类与机械的信息交流的领域都存在着用户界面。❷

由上可知，用户界面是用户与其他系统的交互方式。例如，当你在看微博的图像（图片、文字、按钮等）时，你正在盯着其用户界面。理想状态下，用户界面中应该考虑到用户所有可能的操作选项，这样用户才可以最大限度地与系统进行交互。然而，简单地把你的系统中所有可能的功能都塞进屏幕和界面，会使用户感到茫然，并不会给用户带来很好的体验，此时就需要有用户体验设计。

1.2.2 移动 APP 要关注用户界面设计

一款 APP 是否能够深得用户之芳心，首先取决于它是否拥有良好的用户交互界面，而不是它的功能实现如何，这不仅是因为现在的用户更注重外观表现，更重要的是用户界面是用户使用 APP 提供功能的桥梁和媒介。对于设计师而言，设计一个既有吸引力又友好实用的用户界面并不是一件容易的事，因为他不仅需要关注图形元素，还需要清楚如何才能将这些元素进行无缝地完美组合，如何才能让这些元素充分展现 APP 的功能。

APP 的开发者们都希望在智能手机有限的空间发挥 APP 无限的创意和价值。为了使用户更有效地使用 APP，在用户界面设计时，就要巧妙地引

❶ 百度百科，用户界面设计，2014. 12. 30。

❷ 百度百科，用户界面，2014. 12. 30。

导用户去发现和使用 APP 的功能。也许一个可视化的、高质量的示例图片就可以为用户带来身临其境的体验。

所以，当 APP 推出新功能的时候，需要针对老用户进行提示，如高亮更新或改变等。天气通是新浪旗下的一款 APP，是中国国内较早的天气类应用之一，支持多平台，功能丰富，支持天气趋势预测和空气质量指数报告等功能。此款 APP 继 iPhone 版推出历史天气功能后，受到了众多用户的青睐。随后推出的Android版也增加了历史天气功能和风力指向标功能。为了让老用户也能及时得知此变化，在更新版本后，对“查看历史天气”和“风力指向标”两个新功能进行了高亮显示，效果如图 1－5❶ 所示。

图 1－5 “天气通”高亮更新信息

❶ 图片来源：http：//www. cncmrn. com/channels/it/20120426/1096263. html，2014. 10. 7。

1.3 结论

本章通过列举生活中随处可见的实例，介绍了用户体验与用户界面的概念，展示了良好的用户体验应该具备的三大特点，总结了设计用户体验时需要考虑的因素，分析了用户体验与用户界面之间的关系。通过分析可以看出，用户体验是用户界面的扩展，是艺术与科学的结合，通过设计屏幕界面会使产品或系统更加易用，从而实现界面与功能的完美契合。

第 2 章

Android 平台介绍

2.1 主流的移动应用开发系统平台

如前所述，当前 APP 的开发平台种类很多，但占据市场最多的还是苹果公司的 iOS、Google 公司的 Android 和微软公司的 Windows Phone。本节将按各平台首次发布的时间为顺序逐一介绍。

2.1.1 iOS 平台

iOS 是由苹果公司开发的移动操作系统平台，它与苹果的 Mac OS X 操作系统一样，属于类 Unix 的商业操作系统。[1]

2007 年 1 月 9 日，苹果公司在 Macworld 大会上公布了 iPhone runs OS X 系统。2008 年 3 月 6 日，苹果发布了第一个测试版开发包，并且将 “iPhone runs OS X” 改名为 “iPhone OS”。

2008 年 9 月，苹果公司将 iPod touch 的系统也换成了 “iPhone OS”。2010 年 2 月 27 日，苹果公司发布了 iPad，iPad 同样搭载了 “iPhone OS”。这个系统最初是设计给 iPhone 使用的，故其原名为 iPhone OS，但在后来陆续套用到其他产品上，所以在 2010 年 6 月将其改名为 iOS。使用 iOS 平台的主要产品有 iPod touch、iPad 以及 Apple TV 等，各种产品界面如图 2 - 1 所示。

---

[1] 百度百科，iOS（苹果公司的移动操作系统），2014. 12。

图2－1　使用iOS平台的主要产品

2010年第4季度，苹果公司的iOS占据了全球智能手机操作系统26%的市场份额。2011年10月4日，苹果公司宣布iOS平台的应用程序已经突破50万个。

2012年2月，应用总量达到552247个，其中游戏应用最多，达到95324个，比重为17.26%；书籍类以60604个排在第二，比重为10.97%；娱乐应用排在第三，总量为56998个，比重为10.32%。

2012年6月，苹果公司发布了iOS 6，提供了超过200项新功能。2013年6月10日，苹果公司发布了iOS 7，几乎重绘了所有的系统APP，去掉了所有的仿实物化，整体设计风格转为扁平化设计。2014年6月3日，苹果公司发布了iOS 8，并提供开发者预览版更新。

随着iOS版本的不断更新，功能日益强大，基于这个平台开发的APP数量与日俱增，质量也越来越好。从发布以来，iOS的版本迁移情况如图2－2所示。

无论从APP的数量来看，还是从用户的保有量来看，iOS都可谓领先于其他平台，这源自于iOS平台的以下特点：

第一，高度整合的软硬件。

iOS系统的软件与硬件的整合度相当高，这样就增加了整个系统的稳定性，从而可以保证iOS手机很少出现死机、无响应的情况。对于用户来说，高度整合的设备对信息安全也有十分重要的意义。苹果对iOS生态系统采取了封闭的措施，并建立了完整的开发者认证和应用审核机制，加之iOS设备采用严格的安全技术，使得用户无须对其进行大量的设置，就可以达到保密的效果。

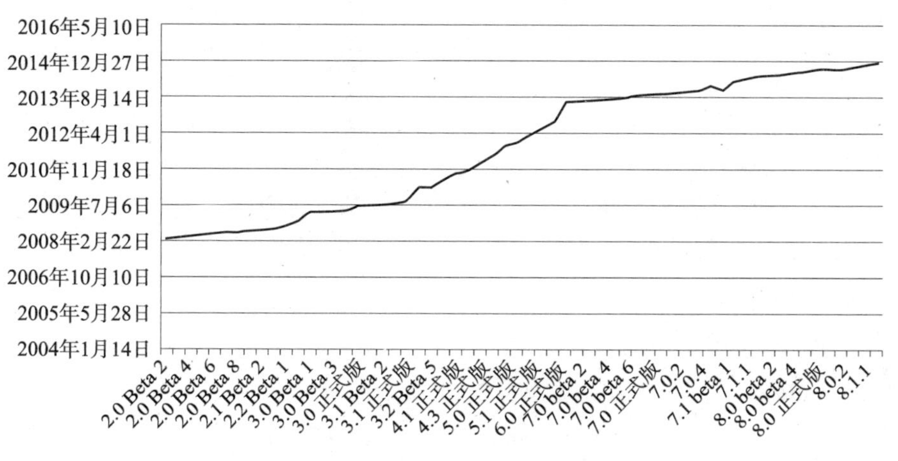

图 2－2　iOS 版本迁移示意图

第二，严谨而新颖的界面。

iOS 在界面设计上投入了很多精力，无论是外观性还是易用性，iOS 都致力于为使用者提供最直观的用户体验。iOS 系统给用户的第一感觉就是简洁、美观、易用，用户使用时犹如行云流水。iOS 的用户界面具有严谨且新颖的特点。在界面上，滑动、轻按、挤压、旋转等多点触控手势可以完成许多操作。通过其内置的加速器，屏幕可以在竖屏和横屏之间进行切换，这样的设计使得 iOS 平台的设备更便于使用。

第三，优秀的应用和功能。

iOS 平台拥有数量庞大的 APP 和第三方开发者，几乎每类 APP 都有数千款，并且优质应用极多，这是其他移动操作系统无法比拟的。这是因为苹果公司为开发者提供了丰富的工具和 API，从而使开发者设计的应用能充分利用每部 iOS 设备蕴含的先进技术。不仅如此，所有 iOS 的设备支持的 APP 都集中在一处，只要使用指定的 Apple ID，就可以轻松访问、搜索和购买这些应用。

2.1.2　Android 平台

Android 及它的绿色小机器人标志和苹果 iPhone 一样风靡世界，掀起了移动领域最具影响力的风暴。创造这一奇迹的人，叫 Andy Rubin（安迪·罗宾），Google 工程副总裁，开发 Android 系统的领头人。[1]

Andy Rubin 最初开发这个系统的目的是创建一个数码相机的先进操作系统；但是后来发现市场需求不够大，加上智能手机市场快速成长，于是 Android 被改造为一款面向智能手机的操作系统。从本质来看，Android 是一个以 Linux 为基础的开源移动设备操作系统，现如今它主要被用于智能手机、平板电脑等移动设备。它一直由 Google 成立的 Open Handset Alliance（OHA，开放手持设备联盟）持续领导并开发。Android 已发布的最新版本为 Android 5.0（Lollipop）。

Android 平台的发展历程如表 2－1 所示。

表 2－1　Android 平台的发展历程[2]

时间	事件
2003 年 10 月	Andy Rubin 在美国加利福尼亚州帕洛阿尔托创建了 Android 科技公司（Android Inc.），并与利奇·米纳尔（Rich Miner）、尼克·席尔斯（Nick Sears）、克里斯·怀特（Chris White）共同发展这家公司
2005 年 8 月 17 日	被美国科技企业 Google 收购，Android 科技公司正式成为 Google 旗下的一部分
2006 年 12 月	Google 被《华尔街日报》和英国广播公司（BBC）报道有可能进入移动领域
2007 年 9 月	Google 提交了多项移动领域的专利申请
2007 年 11 月 5 日	Google 与 84 家制造商、开发商及电信营运商成立开放手持设备联盟（OHA）来共同研发改良 Android 系统。此时的成员公司包括 Broadcom、HTC、Intel、LG、Marvell 等； 同日，OHA 对外展示了他们的第一个产品——一部搭载了以 Linux 2.6 为核心基础的 Android 操作系统的智能手机
2008 年 9 月 22 日	美国运营商 T－Mobile USA 在纽约正式发布第一款 Google 手机——T－T－Mobile G1

---

[1] wuzhimin，Android 之父 Andy Rubin：生而 Geek，http：//www.programmer.com.cn/3970/，2010.9。

[2] 维基百科，Android，2015.1.12。

续表

时间	事件
2008 年 12 月 9 日	新一批成员加入开放手持设备联盟，包括 ARM、华为、索尼等公司； 同时，一个负责持续发展 Android 操作系统的开源代码项目成立了 AOSP (Android Open Source Project)； 随后，Google 以 Apache 免费开放源代码许可证的授权方式，发布了 Android 的源代码
2010 年末	正式推出仅两年的 Android 操作系统在市场占有率上已经超越称霸逾十年的诺基亚 Symbian 系统，成为全球第一大智能手机操作系统
2013 年 6 月	1 个月内 5.38 亿台 Android 设备被激活
2014 年 10 月	Google 宣布过去 30 天里有 10 亿台 Android 设备被激活

由上可知，Android 由两个不同的部分组成，其核心操作系统是 Linux 内核。这个内核由众多开源社区构建，并且遵循 GPL（General Public License，通用公共许可证）。只要在 Linux 代码基础上构建的产品发布时遵循 GPL，并且新产品的源代码随二进制程序一起发布，那么任何人都可以使用 Linux 代码，并且可以重新修改以及发布，甚至售卖。Android 系统的第二部分是 Android 框架本身。这部分由 Google 构建并且遵循 Apache 许可证发布。Apache 许可证没有 GPL 严格，它允许发布二进制程序的时候不发布源代码。❶

综上，任何厂商都不须经过 Google 和开放手持设备联盟的授权，即可随意使用 Android 操作系统。然而，制造商不能在未授权时，在其产品上使用 Google 的标志及其应用程序，如 Google Play 等。除非 Google 证明其生产的产品设备符合 Google 兼容性定义文件（CDD），只有这样才能在其生产的智能手机上预装 Google Play Store、Gmail 等 Google 的私有应用程序，并且获得 CDD。此外，智能手机厂商也可以在其生产的智能手机上印上 “With Google” 的标志。❷

正是由于 Android 平台的开放和灵活性，使得 Android 拥有了更多的设

❶ Juhani Lehtimaki. 精彩绝伦的 Android UI 设计. 王东明，译. 北京：机械工业出版社，2014：40.

❷ 维基百科，Android，2014.12。

备生产商和设计开发者。本章第2节和第3节中将向各位读者介绍Android自发布以来的各种不同版本，以及常见的Android设备。

2.1.3 Windows Phone平台

在微软MSDN的官网上可以看到，通过Windows Phone应用程序平台，开发人员可以创建在Windows® Phone上运行的完美用户体验。❶

Windows Phone（简称WP）是微软公司2010年10月11日晚上9点30分正式发布的一款智能手机操作系统，并将其使用接口称为"Modern"接口。

2011年2月，"诺基亚"与微软达成全球战略同盟，以开展深度合作进行共同研发。2011年9月27日，微软发布Windows Phone 7.5。2012年6月21日，微软正式发布Windows Phone 8，采用和Windows 8相同的Windows NT内核，同时针对市场的Windows Phone 7.5发布Windows Phone 7.8。现有Windows Phone 7手机因为内核不同，都将无法升级至Windows Phone 8。❷

Windows Phone的系统特点主要表现为：

第一，前卫的操作体验。Windows Phone具有桌面定制、图标拖拽、滑动控制等一系列前卫的操作体验。它还包括一个增强的触摸屏界面，更方便手指操作。

第二，实时更新的信息。Windows Phone主屏幕通过提供类似仪表盘的形式来显示新的电子邮件、短信、未接来电、日历约会等，对重要信息保持时刻更新。

第三，全新的IE Mobile浏览器。该浏览器在一项由微软赞助的第三方调查研究中，和参与调研的其他浏览器及手机相比，可以执行指定任务的比例超过48%。

动态磁贴（Live Tile）是出现在Windows Phone中的一个新名词，这是微软的"Modern"概念。Modern UI是长方形的功能界面组合方块，它是

---

❶ Windows Phone的应用程序平台概述，http://msdn.microsoft.com/library/ff402531（VS.92）.aspx。

❷ 百度百科，Windows Phone，2015.1.13。

一种界面展示技术[1]，效果如图 2 – 3[2] 所示。

图 2 – 3　Windows Phone 磁贴效果图

Modern 界面和苹果的 iOS、谷歌的 Android 界面最大的区别在于：后两种都是以应用为主要呈现对象，而 Modern 界面强调的是信息本身，而不是冗余的界面元素。在 Modern 界面上，会同时显示下一个界面的部分元素，在功能上的作用主要是提示用户“这儿有更多信息”。同时在视觉效果方面，有助于形成一种身临其境的感觉，可以带给用户“glance and go”的体验。

Windows Phone，力图打破人们与信息和应用之间的隔阂，提供适用于包括工作和娱乐在内的完美生活的全面且优秀的端到端体验。微软公司前首席执行官兼总裁史蒂夫 · 鲍尔默表示：“全新的 Windows Phone 把网络、个人计算机和手机的优势集于一身，让人们可以随时随地享受到想要的体验。”

---

[1] 百度百科，Windows Phone，2015. 1. 13。

[2] 图片来源：http：//wp. msn. com. cn/news/focus/142276. shtml，2014. 12。

2.2 Android的不同版本

Android操作系统的最早版本Android 1.0 beta发布于2007年11月5日，至今已经发布了多个更新。这些更新版本都在前一个版本的基础上修复了Bug并且添加了前一个版本所没有的新功能。[1]

Android操作系统使用甜点作为各个版本的代号，这些版本按照其英文单词的首字母顺序来进行命名。到2014年6月，发布的版本名称有：纸杯蛋糕（Cupcake）、甜甜圈（Donut）、闪电泡芙（Éclair）、冻酸奶（Froyo）、姜饼（Gingerbread）、蜂巢（Honeycomb）、冰淇淋三明治（Ice Cream Sandwich）、果冻豆（Jelly Bean）、奇巧巧克力（KitKat）、棒棒糖（Lollipop）。

2.2.1 Android 1.x系列

Android 1.0是Android操作系统中的第一个正式版本，它于2008年9月23日发布，代号为铁臂阿童木（Astro）。全球第一台Android设备HTC Dream（G1）就是搭载的Android 1.0操作系统。

2009年2月2日，Android 1.1（Bender，发条机器人）发布，该版本只被预装在T－Mobile G1上。该版本处理了前一版本遗留的许多应用程序Bug和系统Bug，改进了API接口并添加了新的特性。例如，用户搜索企业和其他服务时，下方会显示出其他用户搜索时对该搜索信息的评价和留言；加强了电话功能，改进了免提功能；支持对邮件附件的保存和预览功能；增加了长按任意界面弹出多选框的功能。

2009年4月30日，Android 1.5（Cupcake，纸杯蛋糕）发布，该版本基于Linux 2.6.27内核。主要更新点在于：能够拍摄/播放影片，并支持上传到Youtube（设立在美国的一个影片分享网站）；支持立体声蓝牙耳机，同时改善自动配对性能；采用最新的WebKit技术的浏览器，支持复制/粘贴和页面中搜索；GPS性能大大提高；提供屏幕虚拟键盘；主屏幕增加音

[1] 维基百科，Android历史版本，2015.1.15。

乐播放器和相框小部件；应用程序自动随着手机旋转；短信、Gmail、日历、浏览器的用户界面大幅改进；相机启动速度加快；来电照片显示等。

2009 年 9 月 15 日，Android 1.6（Donut，甜甜圈）发布，该版本基于 Linux 2.6.29 内核。主要的更新有：重新设计的 Android Market；支持手势；支持 CDMA 网络；支持文本转语音系统（Text – to – Speech）；快速搜索框；全新的拍照界面；查看应用程序耗电；支持虚拟私人网络（VPN）；支持更多的屏幕分辨率；支持 OpenCore 2 媒体引擎；新增面向视觉或听觉困难人群的易用性插件等。

Cupcake 和 Donut 两个版本的 Logo 示意图如图 2 – 4[1] 所示。

图 2 – 4　左为 Cupcake，右为 Donut

2.2.2　Android 2.x 系列

2009 年 10 月 26 日，Android 2.0（Éclair，闪电泡芙）版本软件开发工具包发布，该版本基于 Linux 2.6.29 内核。主要的更新有：优化硬件速度；新的浏览器的用户界面和支持 HTML 5.0；新的联系人名单；更好的白色/黑色背景比率；改进了 Google Map 3.1.2；支持内置相机闪光灯；改进了虚拟键盘；支持动态桌面的设计等。

Android 2.1 更新包于 2010 年 1 月 12 日正式发布。该版本针对 Android

---

[1] 图片来源：http：//info.it.hc360.com/2011/12/311812626049.shtml，http：//info.it.hc360.com/2011/12/311812626049 – 2.shtml。

2.0.1 进行了轻微的改进，只针对前一个版本中的部分 API 进行修改变化，并且对存在的已知的 Bug 进行修复。

2010 年 5 月 20 日，Android 2.2（Froyo，冻酸奶）版本发布，该版本基于 Linux 2.6.32 内核。主要的更新有：支持将软件安装至扩展内存；集成 Adobe Flash 10.1 支持；加强了软件即时编译的速度；新增软件启动“快速”至电话和浏览器；USB 分享器和 Wi-Fi 热点功能；支持用浏览器上传档案；更新了 Market 中的批量和自动更新；增加对 Microsoft Exchange 的支持；集成 Chrome 的 V8 JavaScript 引擎到浏览器；加强快速搜索小工具及速度和性能优化等。

2010 年 12 月 6 日，Android 2.3（Gingerbread，姜饼）版本发布，该版本基于 Linux 2.6.35 内核。主要更新有：修补 UI；支持更大的屏幕尺寸和分辨率（WXGA 及更高）；系统级复制粘贴；重新设计的多点触摸屏幕键盘；原生支持多个镜头（用于视频通话等）和更多传感器（陀螺仪、气压计等）；电话簿集成 Internet Call 功能；支持近场通信（NFC）；优化游戏开发支持；多媒体音效强化；从 YAFFS 转换到 ext4 文件系统；开放了屏幕截图功能等。

这个版本系列的 Logo 示意图如图 2－5[1] 所示。

图 2－5　左、中、右分别为 Éclair，Froyo，Gingerbread 的 Logo 示意图

2.2.3　Android 3.x 系列

2011 年 2 月 22 日，Android 3.0（Honeycomb，蜂巢）正式发布，其

---

[1] 图片来源：http://info.it.hc360.com/2011/12/311812626049－3.shtml，http://info.it.hc360.com/2011/12/311812626049－4.shtml，http://info.it.hc360.com/2011/12/311812626049－5.shtml。

Logo示意图如图 2－6[1] 所示。

图2－6　Honeycomb 的 Logo 示意图

该版本基于 Linux 2.6.36 内核，是第一个 Android 平板操作系统。全球第一个使用该版本操作系统的设备是摩托罗拉公司于 2011 年 2 月 24 日发布的 Motorola Xoom 平板电脑。主要更新有：供平板电脑使用的 Android 3.0 界面；支持平板电脑大荧幕、高分辨率；新版 Gmail；3D 加速处理；网页版 Market（Web store）详细分类显示；依个人 Android 分别设定安装应用程序；新的短消息通知功能；加强多任务处理的界面；重新设计适用大屏幕的键盘及复制/粘贴功能；多个标签的浏览器以及私密浏览模式，快速切换各种功能的相机；增强的图库与快速滚动的联络人界面；支持多核心处理器。

Android 3.1 软件开发包于 2011 年 5 月 10 日正式发布。主要更新有：用户界面的改进；能够连接 USB 配件；扩大最近的应用程序列表；可调整大小的主屏幕小部件；支持外部键盘和鼠标等设备；支持操纵杆和游戏控制器；FLAC 音频播放支持；高性能的 Wi-Fi 锁；支持 HTTP 代理等。

Android 3.2 软件开发包于 2011 年 7 月 15 日正式发布。全球第一台使用该版本操作系统的设备是我国华为公司制造生产的 MediaPad 平板电脑。主要更新有：改进的硬件支持；增强应用程序访问 SD 卡上文件的能力，提供同步功能；增加应用程序兼容性功能，新的显示支持功能，为开发人

[1] 图片来源：http：//info. it. hc360. com/2011/12/311812626049－6. shtml。

员提供更多的显示外观在不同的 Android 设备的控制等。

2.2.4 Android 4.x 系列

Android 4.0（Ice Cream Sandwich，冰淇淋三明治）于 2011 年 4 月在 Google I/O 大会上首次被宣布，并且于 2011 年 10 月 19 日正式发布 Android 4.0 操作系统和搭载 Andorid 4.0 的 Galaxy Nexus 智能手机，Logo 示意图如图 2-7❶ 所示。

图 2-7 Ice Cream Sandwich 的 Logo 示意图

Android 4.0.1 的软件开发包于 2011 年 10 月 19 日正式发布。谷歌公司的发言人加布·科恩（Gabe Cohen）指出，Andorid 4.0“理论上”与任何一个当前市面上搭载了 Android 2.3.x 版本的设备兼容。该版本的主要更新内容有：统一了手机和平板电脑使用的系统；APP 会自动根据设备选择最佳显示方式；支持在系统中使用虚拟按键；界面以新的标签页形式展示，更方便地在主界面创建文件夹；改进了可视化语音邮件的能力；Gmail 离线搜索，与其他第三方微博、博客类应用程序的无缝连接；实时更新的内容会被展示在主界面上，在锁屏状态下也可以对用户设置的某些应用程序进行操作；脸部识别进行锁屏；支持最多同时打开 16 个标签页；自动同步更新用户手机中的网页书签，可以在桌面版 Chrome 和其他 Android 设备中进行同步；内置流量监控功能；能够随时关闭正在使用的应用程序；提升

❶ 图片来源：http：//info.it.hc360.com/2011/12/311812626049-7.shtml。

了自带的相机功能；内置图片处理软件，新的图库软件；支持 NFC 功能；新的启动画面；增加了支持硬件加速的功能等。

Android 4.1（Jelly Bean，果冻豆）更新包于 2012 年 6 月 28 日在 Google I/O 大会上随搭载 Android 4.1 的 Nexus 7 平板电脑一起发布，其 Logo 示意图如图 2－8❶ 所示。

图 2－8 Jelly Bean 的 Logo 示意图

主要的更新有：提升了用户页面的速度与流畅性；“Google Now”可在 Google 日历内加入活动举办时间、地点；新增脱机语音输入；通知中心会显示更多信息；更多的平板优化；Google Play 增加了电视影片与电影的购买；提升了反应速度；强化了默认键盘；大幅改变了用户界面设计；更多的 Google 云集成；恶意软件的保护措施等。

首款搭载 Android 4.2 的手机 LG Nexus 4 及平板电脑 Nexus 10 于 2012 年 11 月 23 日发售。主要更新有：Photo Sphere 360°全景拍摄；手势输入键盘；可在屏幕锁定界面直接打开相机功能；Daydream 屏幕保护设备功能；可直接进行操作的状态通知列功能；Miracast 无线显示分享功能；连点三次可放大整个显示页及两指旋转和缩放；增加为盲人用户设计的语音输出及手势模式导航功能；内置时钟新增世界时钟、秒表和定时器；Google Now 新增以 Gmail 登录信息作为数据源；Google Now 新增航班追踪功能、酒店、餐厅预订与音乐和电影推荐功能等。

❶ 图片来源：http：//blog. sina. com. cn/s/blog_ 7cbaa68a0101i5gt. html，2014. 2。

2013 年 9 月 3 日，Google 公布 Android 4. 3 的后续版本为 Android 4. 4，代号为奇巧巧克力（KitKat），这个版本的 Logo 示意图如图 2 -9❶ 所示。

图 2 -9　KitKat 的 Logo 示意图

2013 年 10 月 31 日，Google 正式发表 Android 4. 4 版本，以及 Nexus 5。新版本的主要更新功能有：支持语音打开 Google Now，支持全屏模式 Immersive Mode，优化了存储器使用，新的电话通信功能，低电耗音乐播放，新的 NFC 付费集成，增加了 ART 模式。

2. 2. 5　Android 5. x 系列

2014 年 6 月 25 日在 Google I/O 2014 大会上发布了 Developer 版（Android L），之后在 2014 年 10 月 15 日正式发布且名称定为 Lollipop，即"棒棒糖"，其 Logo 示意图如图 2 -10❷ 所示。

图 2 -10　Lollipop 的 Logo 示意图

---

❶ 图片来源：http：//www. cpweb. gov. cn/news/keji/shumashequ/2013103119170. html，2014. 2。

❷ 图片来源：http：//news. 91. com/android/1410/21749387. html，2014. 11。

在这款全新版本的系统中，采用了全新 Material Design 界面，支持 64 位处理器，全面由 Dalvik 转用 Android RunTime（ART）编译，性能可提升 4 倍；改良了通知界面，新增了 Priority Mode、预载省电及充电预测、自动内容加密、多人设备分享等功能。其中多人设备分享功能意味着可在其他设备上登录自己的账号，并获取联系人、日历等 Google 云数据。同时，这个版本的系统还强化了网络及传输连接性，包括 Wi-Fi、蓝牙及 NFC；强化了多媒体功能，如支持 RAW 格式拍摄；强化了“OK Google”功能；改善了 Google Now 的功能以及对 Android TV 的支持，提供低视力的设置，以协助色弱人士。

根据 OpenSignal[1] 提供的数据显示，在众多版本的系统中，多数 Android用户依旧选择使用 Ice Cream Sandwich（Android 4.0）版本，约 20.9%的用户偏向于 KitKat（Android 4.4）版本，只有 14%的用户依旧坚持使用 Gingerbread（Android 2.3）或 Froyo（Android 2.2）老版系统，对于“棒棒糖”的尝试者人数略少。

2.3 常见的 Android 设备

Android 设备的规格没有苹果设备的那么明确。这是因为 Android 是开源的，没有人能够阻止其他人将 Android 运行在他们喜欢的设备上。洗衣机、眼镜、腕表、体重计等设备上均可以安装 Android。

2014 年 8 月 22 日，有外媒报道称，截至目前全球共有18796种“不同 Android 设备”，相较 2013 年上涨近 58%。[2] 尽管谷歌近来试图弥补由此引发的碎片化问题，但这一趋势仍旧呈现愈演愈烈之势头。以下是常见的 Android 设备。

---

❶ OpenSignal 收集的信息都是直接来自用户，而不是依靠网络提供。不过这个数据局限于已经安装了 OpenSignal 应用的手机。

❷ 搜狐 IT，Android 设备碎片化愈演愈烈全球一年骤增 58%，http：//it.sohu.com/20140822/n403677778.shtml，2015.1.15。

2.3.1 智能手机

智能手机，是指像个人计算机一样，具有独立的操作系统、独立的运行空间，可以由用户自行安装软件、游戏、导航等第三方服务商提供的程序，并可以通过移动通信网络来实现无线网络接入手机类型的总称。其中苹果、三星、诺基亚、HTC（宏达电）这四大品牌在全世界都广为皆知，而中国的魅族、联想（Lenovo）、中兴（ZTE）、华为（HUAWEI）、酷派（Coolpad）、小米（Mi）、一加（oneplus）、步步高（VIVO）、欧珀（OPPO）、金立（GIONEE）、天宇（天语，K－Touch）等品牌在国内也备受关注。❶

在以上这些品牌的智能手机中，除苹果之外，其他手机均可加载Android系统。据调查，虽然Android系统可以加载到许多种类的设备上使用，但是数量上仍以智能手机居多。

如果把不同品牌却都是Android系统的智能手机放到一起，你会发现它们之间有明显的不同。这些不同点不仅反映在手机的外观设计上，而且在激活屏幕之后，不同的厂商在操作系统设计上都有自己的风格。

1. 原生Android系统

原生Android系统是指由Google公司发布，没有经过第三方修改的安卓系统。❷ 原生Android界面也被称作“pure Android”或“vanilla Android”，是谷歌推出的未经任何修改的界面。原生Android系统的界面设计多年以来已经发生了许多次翻天覆地的变化。图2－11展示了Nexus 7机型的原生界面。

构成谷歌原生界面的Holo UI起初只支持平板电脑的Android 3.0，后来从Android 4.0开始登录智能手机平台。其最大的特点就是以黑色调为主，不管是应用列表、通知、阴影还是设置菜单，几乎所有的元素都采用黑色的背景搭配白色的文字和图标。几乎所有的元素都力求从简，无论是滑动动画、主屏幕滚动、激活通知界面，还是屏幕切换。另外通知界面也

---

❶ 百度百科，智能手机，2015.1.14。

❷ 百度百科，原生Android，2014.12.13。

分为两个部分，分别是通知中心和快捷设置菜单。

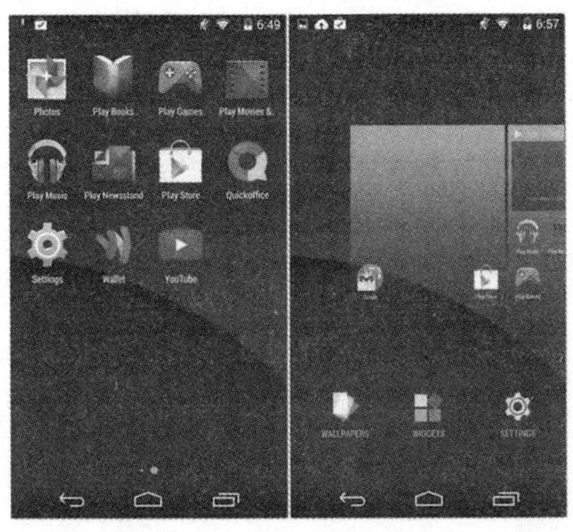

图 2-11　原生 Android 界面

原生 Android 界面下最重要的就是谷歌搜索了，在主界面的每一屏上都有谷歌搜索栏，并且无法轻易删除。同时还可以从屏幕底部向上滑动激活 Google Now 语音控制。整体来说，原生 Android 界面一切都以回归电话的本质为主，并且没有自带太多的附加功能。如果有需要的话，用户可以到 Google Play 应用商店下载安装 APP 来扩展功能或者在桌面添加更多小部件。

2. 三星

相关报告表明，韩国世界财富 500 强企业、全球消费电子领域龙头企业、全球电子产业的领导者——三星集团生产的三星手机，在 2015 年世界手机排行中名列第二[1]。

美国市场研究公司 Gartner 发布初步报告称，2014 年全球半导体销售额为 3398 亿美元，较 2013 年的 3150 亿美元增长 7.9%。根据 Gartner 的统计，排名前 25 名的半导体企业合并销售额同比增长 11.7%，超过行业整体水平。这些企业占行业总销售额的 72.1%，较 2013 年的 69.7% 略有提升。除了英特尔外，排名前 10 位的厂商还包括三星电子（10.4%）、高通（5.6%）、美光科技（4.9%）、SK 海力士（4.7%）、东芝（3.4%）、德

[1] 中国报告大厅，2015 年世界手机排行榜 TOP10，http：//www.chinabgao.com/stat/stats/39997.html，2015.1.12。

州仪器（3.4%）、博通（2.5%）、意法半导体（2.2%）、瑞萨电子（2.1%）。[1]

根据 OpenSignal 在 2014 年 8 月发布的研究报告显示，市场上总共大约有 1.9 万款安卓手机（具体数字为 18796），这一数字相比 2013 年 8 月出现了大幅增加，2013 年总共有 11868 款安卓手机。根据 OpenSignal 提供的数据，有 43% 的安卓设备都是由三星制造的，约有 20.9% 的安卓用户使用的是最新的 KitKat 移动操作系统。[2]

三星的智能机（如图 2－12 所示）无论是做工还是外形都能够把握住亚洲人的兴奋神经，做工基本是无人能敌，屏幕显示细腻、亮度高，反应速度快，软件界面设计简洁漂亮，外观无可匹敌。同时，它创造了很多新颖的操作方式，如热感应按键以及在导航键上面采用内置轨迹球设计等。然而，任何一个事物都具有两面性，据相关调查显示，三星的智能手机也存在一些缺点，如信号不稳定、电池续航时间短等。

图 2－12 常见的三星智能手机

3. HTC

宏达国际电子股份有限公司成立于 1997 年 5 月 15 日，简称宏达电子，亦称 HTC，是一家位于我国台湾地区的手机与平板电脑制造商。目前，HTC 是全球最大的 Windows Mobile 智能手机生产厂商、全球最大的智能手

---

[1] 2014 年全球半导体企业销售额排名，http：//www.eechina.com/thread－144502－1－1.html，2015.1.12。

[2] OpenSignal，截至 2014 年 8 月全球 43% 的 Android 设备由三星制造，http：//www.199it.com/archives/269086.html，2014.8.12。

机代工和生产厂商。[1]

自创建以来，HTC在全球知名通信大厂背后默默努力，让这些知名大厂的产品得以在全世界的市场上发光发热，并先后与欧洲五家领先业界的电信公司、美国最大的四家，以及亚洲许多正在快速成长的电信业者建立了独特的合作关系。

HTC在2011年发展迅猛，成为全球知名手机生产厂商。HTC系列手机搭载Android系统和Windows Phone系统。[2]

HTC的智能手机通常拥有多个客制化版本，主要以其研发代号进行区分，如著名的CHT9000研发代号是Hermes，其中又会根据运营商的需求做些许变化，即Hermes分为100型、200型与300型，这些型号有一些略微的差别，表现在外观不同，如有无摄像头、有无Wi-Fi、内存大小等。[3]

也就是说，所有相同代号不同版本的手机的配置基本上是相同的，图2－13显示了HTC Desire代号下的不同版本的手机外观样式。

图2－13　HTC Desire代号下的不同版本的手机外观

4. 华为

华为技术有限公司是一家生产销售通信设备的民营通信科技公司，总部位于中国广东省深圳市龙岗区坂田华为基地。华为的产品主要涉及通信网络中的交换网络、传输网络、无线及有线固定接入网络、数据通信网络及无线终端产品。[4]

---

❶ 百度百科，HTC，2014.11.29。

❷ 百度百科，HTC，2015.1.12。

❸ 百度百科，HTC，2014.11.29。

❹ 百度百科，华为，2015.1.12。

据英国《金融时报》2015 年 1 月 13 日发布的初步统计数据显示，2014 年华为产品总销量较 2013 年上涨 20%，其中智能手机销量的涨幅就达 32%。华为智能机销量走俏拉动了公司总收益上涨至人民币 2870 亿 ~ 2890 亿元。公司营业利润有望达人民币 339 亿 ~343 亿元，同比 2013 年涨幅为 12%。❶

著名市场研究机构 Garner 的报告显示，华为于 2014 年第 3 季度成为世界第三大智能手机制造商。❷

在全球电子产业风向标 CES 电子消费展上，由权威数导机构 IDC 颁布的"2014 ~2015 全球领先品牌"榜单揭晓，深圳手机品牌酷派、中兴、华为同时入围了"全球智能互联设备领先品牌十强"与"2014 ~2015 年度全球智能手机领先品牌十强"两项榜单，与苹果、三星等全球知名品牌共获殊荣。❸

华为消费电子事业部首席执行官余承东曾说，"与其他智能手机厂商相比，我们可以在提供最新的网络技术支持方面做得更好，这就是我们所能带来的价值"❹。

图 2 -14 是网上商城中受用户关注度较高的 3 款华为智能手机示意图。

图 2 -14　用户关注度较高的华为智能手机示意图

---

❶ 环球网科技，华为智能手机销售走俏　拉动公司总收益上涨 1/5，http：//www. cq. xinhuanet. com/2015 -01/14/c_ 1113991387. htm，2015. 1. 14。

❷ 百度百科，华为，2015. 1. 12。

❸ 深圳晚报，华为小米中兴入选全球智能手机品牌十强，http：//www. eepw. com. cn/article/268035. htm，2015. 1. 13。

❹ 腾讯科技，华为让智能手机市场重新洗牌，http：//tech. qq. com/a/20140825/074509. htm，2014. 8. 25。

5. 小米

小米公司正式成立于2010年4月，是一家专注于智能产品自主研发的移动互联网公司。“为发烧而生”是小米的产品理念。❶

自小米诞生以来，不论是其手机的发布还是饥饿营销模式，都被认为是处处模仿苹果甚至处处拿苹果做比较，而在性价比方面却一直为用户做出“低价高配”的承诺。在2011年，苹果手机高高在上，三星手机、摩托罗拉手机的售价则大多突破3000元，HTC手机的水货也要2500元以上，时任小米科技首席执行官的雷军准确地切入市场缝隙——1500～2500元，加上也许是歪打正着的“饥饿营销”，引无数用户竞折腰。从那时起，“1999元”已经成了小米的标签，也是小米的极限。

2014年，小米手机的总销量为6112万台，总销售额为743亿元，不过以此折算，每台小米手机的平均售价是1215元，考虑到周边和APP Store，手机的均价更低。小米的市场仍在中低端。❷

2015年1月15日下午，小米Note的发布会在北京国家会议中心如约举行。在发布会上，“发烧到底”4个大字与其新品的价格“2299元”“3299元”相映成趣，不少“米粉”们声称“小米已然退烧”。小米Note的外观如图2－15❸所示。

图2－15　小米Note的外观

❶ 百度百科，北京小米科技有限责任公司，2015.1.15。

❷ 焱真人，小米突破1999是一种必然，http：//www.leiphone.com/news/201501/0oKpKlo8wBUO6TP7.html，2015.1.17。

❸ 图片来源：http：//hd.mi.com/webfile/zt/open/cn/index.html#minote。

2.3.2 平板电脑

平板电脑也叫平板计算机（Tablet Personal Computer，简称 Tablet PC、Flat Pc、Tablet、Slates），是一种小型、方便携带的个人电脑，以触摸屏作为基本的输入设备。它拥有的触摸屏（也称为数位板技术）允许用户通过触控笔或数字笔来进行作业而不是传统的键盘或鼠标。用户可以通过内建的手写识别、屏幕上的软键盘、语音识别或者一个真正的键盘（如果该机型配备的话）实现输入。[1]

平板电脑的优缺点评估是相当主观的，吸引一个用户的特点可能会让另一个用户望而却步。相对于一般笔记本电脑，其特点如表 2－2 所示。

表 2－2　平板电脑的优、缺点

特性	优势	劣势
触控输入	触控输入和软键盘的使用能大幅度提高输入效率，特别是对于不能打字但能握住一支触控笔的用户，可以用平板电脑以可接受的速度输入文字	手写输入跟高达 30～70 个单词每分钟的键盘输入速度相比太慢了，目前的平板电脑虚拟键盘的打字速度也不能完全取代传统键盘
可平放	大多数平板电脑不会干扰视线（如开会的时候）因为它们可以平放在桌面或者用户的臂弯上	因为使用平板电脑需要长时间低头（在没有配置专用的底座时），对用户的颈椎可能造成一定损害
精巧的屏幕	一些专业数码艺术家们的确需要一个会变换图像的"本子"	平板电脑屏幕普遍较小，不利于年长者及视力较差者使用

2010 年，苹果 iPad 在全世界掀起了平板电脑热潮。2010 年，平板电脑关键词搜索量增长率达到了 1328%，平板电脑对传统 PC 产业，甚至是整个 3C 产业带来了革命性的影响。同时，随着平板电脑热度的升温，不同行业的厂商，如消费电子、PC、通信、软件等厂商纷纷加入到平板电脑产业中来。一时间，从上游到终端，从操作系统到软件应用，一条平板电脑产业生态链俨然形成，平板电脑各产业生态链环节快速发展。2010 年，

[1] 百度百科，平板电脑，2014.12.11。

中国 PC 销量达到 4858.3 万台，相比 2009 年增长 16.1%，其中平板电脑销量为 174 万台，占比约为 3.58%。随着平板电脑的快速发展，平板电脑在 PC 产业的地位将愈发重要，其在 PC 产业的占比也必将提升。从国际市场来看，2015 年，预计全球平板电脑市场规模将达到 490 亿美元。从产业发展阶段来看，2010 年至 2012 年是平板电脑从诞生到成熟前的阶段，整个产业呈现快速上升的发展趋势。在这一时期内，产业发展方向、市场规模、行业格局以及消费者需求都不明确，市场机会众多，产业链的每一个环节都将会有新品牌出现。其中，硬件终端设备、服务内容提供和周边配套设备三个环节更为集中、明显。❶

受用户青睐的平板电脑品牌主要有苹果、华为、三星、微软、联想、小米、戴尔、酷派、索尼等。其中，除苹果、微软外，其余品牌都可以加载 Android 系统。

2.3.3 其他智能设备

任何厂商都不必经过 Google 和开放手持设备联盟的授权，即可随意使用 Android 操作系统。所以，除智能手机、平板电脑外，还有许多设备可以装载 Android 系统，如智能手表、智能手环、智能眼镜、运动跟踪器、健康监测器、智能配饰、智能家居设备、体感车等。

360 儿童卫士智能定位手表的外观示意图如图 2－16❷ 所示。

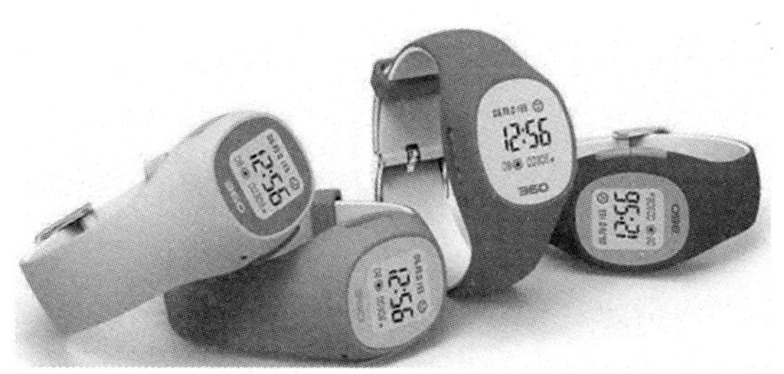

图 2－16　360 儿童卫士智能定位手表外观示意图

❶ 百度百科，平板电脑，2014.12.12。

❷ 图片来源：京东商城 360 儿童卫士智能定位手表宣传页，http://item.jd.com/1140616.html。

2.4 Android 的碎片化问题

如此众多的设备与安卓生态系统中的“碎片化（Fragmentation）”问题紧密相连，碎片化在 Android 中无法回避。

2.4.1 碎片及其产生的原因

所谓“碎片化”，原意为完整的东西破成诸多零块。[1] Android 中的碎片化问题指的是整个安卓平台的差异化越来越大。

包括苹果和 Android 在内，几乎成功的智能操作系统都是由庞大的软件资源支撑起来的，这就要求系统和硬件有一定的一致性，以便确保软件的兼容性。同时，开发者个人和团体开发的第三方软件也有一定的规范，才能确保软件和设备完全兼容。然而，由于 Android 完全免费以及完全开源的性质，最终导致碎片化现象越来越严重，其显性原因有以下三点：

第一，版本导致的碎片。如本章第 2 节所述，Android 新版本不断推出的同时旧版本并未被立刻淘汰，在相当长的时间内多版本系统“和谐”共存。2011 年，Android 2. 3 是市场的主要版本，2014 年发布了 Android 5. 0，于是有了从 2. x 版本到 5. x 版本共处一世的局面。根据 Google 官方统计，在发布了 Android 5. 0 之后，46% 的安卓用户仍在运行 Android 4. 3，该版本排名第 1；Android 4. 4 占到了 39. 1%，排名第 2；其余的用户，则分布在 Android 2. 3、Android 4. 0、Android 2. 2 等旧版本[2]。这种现象让开发者们越发困惑，到底让 APP 去兼容 Android 4. 3，还是最新的 Android 5. 0？

第二，品牌导致的碎片。支持 Android 系统的厂商品牌比比皆是，只要愿意，任何一家企业都可以变成 Android 设备的制造商。据 OpenSignalMaps 应用开发者收集的数据显示，有 599 个厂家生产的设备加载了Android 系统。品牌各异导致设备会产生各种细节上的差异。

---

[1] 百度百科，碎片化，2014. 12. 21。

[2] 晨曦，谷歌对旧版安卓漏洞甩手不管，http：//tech. qq. com/a/20150113/024804. htm，2015. 1. 13。

图 2－17[1] 显示出了屏幕分辨率种类之繁杂，颜色深浅（密集程度）代表其数量大小，深色（较为密集）标注出了几种最主要的分辨率。

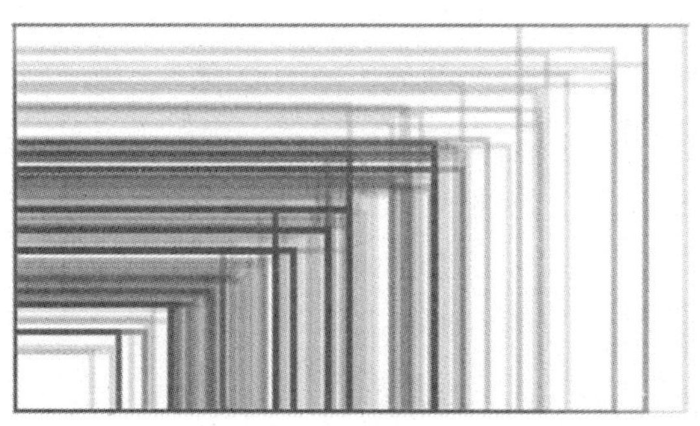

图 2－17 分辨率的碎片化示意图

分辨率不同，这为应用的设计和开发人员增加了很多负担，如何让APP 适应众多品牌产品的不同分辨率？

第三，设备导致的碎片。即使版本一致、品牌相同，也不能阻挡不同设备对 Android 的加载使用。Android 设备不能简单地像 iOS 系统支持的设备一样被划分为平板电脑和手机。

综上，设计和开发人员对 APP 的设计从哪款设备开始，到哪款手机结束，这个问题不得而知。即使简单化一点，只为手机和平板电脑设计，那么为 5 英寸的屏幕设计的用户界面可以同时为 7 英寸乃至 13 英寸的屏幕使用吗？

2.4.2 碎片化产生的影响

设备繁杂、品牌众多、版本各异、分辨率不统一等，这些都逐渐成为安卓系统发展的障碍，碎片化问题的日益严重不仅会造成 Android 系统混乱，也会导致 Android 应用的隐形开发成本不断增多。[2]

碎片化问题随着 Android 的发展也将日益明显，更多的品牌、厂商的加入会使这个圈子的包容度更大，差异性也将更大。[3]

---

[1] 图片来源：http：//mobile. 163. com/14/0709/16/A0NOA22800111790. html，2014. 7. 9。

[2] 百度百科，安卓碎片化，2014. 12. 14。

[3] 百度百科，安卓碎片化，2014. 12. 14。

“Android 5. 0 因为使用了 Material Design 设计语言，而得到了媒体的广泛好评，那么好的东西自然是要拿来用的。然而，显然 Google 目前依旧没有找到一套好的解决方案，去搞定硬件配置碎片化所导致的推送更新不够及时的问题。”[1] 这是人民网（http：//it. people. com. cn）2014 年 12 月 4 日转载的中关村在线的一则新闻（http：//www. techweb. com. cn/it/2014 - 12 - 03/2103192. shtml）。由此可见，碎片化问题对 Android 新版本的推广产生了严重的阻碍作用。

碎片化问题产生的影响主要有：

第一，旧系统更容易受到恶意软件的攻击或者导致用户数据被盗。比如，Android 系统中的一款叫“Pileup”的漏洞，该漏洞存在于所有 Android 开源项目版本，以及 Android 手机厂商、运营商超过 3500 个开发定制版本中，在全球范围内大约有超过 10 亿的 Android 设备容易受到该漏洞的攻击。

第二，Android 系统新版本采用率低会影响开发者的热情。比如，他们开发的应用程序不仅要支持新版本，还要考虑支持很多废旧的版本，这就意味着他们不能在开发新版 Android 应用程序中充分利用新的 API。

第三，新系统的普及度太慢，这意味着无论 Android 最新版本有多少更新，大部分的 Android 用户都不会注意到，等到这个新系统获得极高的采用率时，该系统说不定就面临着被淘汰的风险。降低这个影响的办法有购买 Nexus 品牌的硬件，或者定期购买新的 Android 设备。

综上，碎片化问题对于 Android 开发者来说是一把双刃剑。一方面，碎片化让每个用户都可以与众不同，选择最适合自己的机型和 UI，也给了每个厂商自我创新的机会；另一方面，高度碎片化也给 Android 带来了许多弊端，这些弊端对 Android 的设计和开发人员提出了很大挑战。

---

[1] 张志成，Android 5. 0 更新率不及 0. 1%　2. 2 版本已基本灭绝，http：//it. people. com. cn/n/2014/1204/c1009 - 26145604. html，2014. 12. 4。

2.5 结论

本章通过各种数据分析，介绍了当前主流的三款移动应用开发系统平台及其各自的特点，阐述了 Android 自发布以来经历的不同版本及常见的 Android 设备，分析了 Android 特有的碎片化问题产生的原因及其带来的影响，引出了由此为 Android 的设计者和开发者带来的挑战。

第3章

从心理模型到 UE 设计

3.1 心理模型

3.1.1 什么是心理模型

第一个提出心理模型的人是 Kenneth Craik。他在 1943 年出版的《The Nature of Explanation》一书中提到了这个概念。20 世纪 80 年代，Philip Johnson – Laird 和 Dedre Gentner 分别出版了一本名为《Mental Models》的书。对于什么是“心理模型”，不同的人有着不同的定义方法，以下列出了几种心理模型的定义。

心理模型指相互关联的言语或表象的命题集合，是人们做出推论和预测的深层知识基础。心理模型经常是根据零碎的事实构建而成的，对事实的来龙去脉只有一种肤浅的理解，并依据某种通俗心理学，形成对事物起因、机制和相互关系等各个因素的看法，而这种因素可能并不存在。[1]

心理模型是指一个人对某事物动作方式的思维过程，即一个人对周遭世界的理解。它的基础是不完整的现实、过去的经验甚至直觉感知。它有助于形成人的动作和行为，影响人在复杂情况下的关注点，并确定人们如

---

[1] 百度百科，心理模型，2014. 10. 23。

何着手解决问题。[1]

Donald A. Norman 在他的《The Design of Everyday Things》一书中提到，心理模型是存在于用户头脑中的关于一个产品应该具有的概念和行为的知识。[2]

为了让读者更好地理解心理模型的概念，下面举一些例子。

假设用户从未见过 iPad，在他第一次使用 iPad 去看书时，用户的头脑中会形成一个在 iPad 上阅读的模型。比如书在 iPad 屏幕上是怎样的情形、如何翻页、如何做笔记等。此外，用户创建 APP 心理模型的方式取决于很多方面。如果初次使用 iPad 阅读的用户有过读 Kindle 电子书的经历，那么他的心理模型与未使用过 Kindle 的用户就大不一样。

结合 APP 来考虑的话，用户的心理模型是他在大脑中对 APP 的功能自发形成的期待模型。就像在用户初次使用聊天软件时，所有使用过 QQ 的用户都会不自觉地将 QQ 作为参照，会期待长方形的界面、一对一的聊天窗口的出现，会认为点击头像即可查看个人资料，在选中好友后可以使用各种快捷功能，会预测如果有好友上线会听到经典的“敲门声”等。换言之，如果用户没有使用过 QQ，则模型便因此而不同。

综上，可以看出，心理模型可以称为是用户脑海中对真实世界、操作的设备、使用的软件、APP 等的解析，是用户在自己脑海中对他所面对的对象或事物的设想。用户的心理模型有的来自于用户过去对类似事物的使用经验，有的来自于用户的见闻，有的来自于用户自己的猜测，甚至有的来自于用户对设备、产品的期待。所以不同用户的心理模型各异，即使是同一个用户，随着用户经验的积累、知识的丰富，其心理模型也会不断地发生改变。

在包括 APP 在内的任何产品问世之前，除了用户的心理模型之外，还会有其他两个模型：产品的实现模型和产品的系统模型。

什么是实现模型和系统模型呢？

实现模型是产品的内部结构和工作原理，它存在于产品设计人员的头脑中。系统模型是指产品的最终外观和产品呈现给用户后，用户通过观看

---

[1] Susan Weinschenk. 设计师要懂心理学. 徐佳，等，译. 北京：人民邮电出版社，2013：73。

[2] novanewlife，从心理模型和实现模型的匹配谈用户界面设计，http：//blog. sina. com. cn/s/blog_ 4caba12a010008cn. html，2007. 9。

或使用后而形成的关于产品如何使用和工作的知识。[1]

每位在iPad上阅读的用户都会产生、构建一个心理模型，但是当用户手捧iPad开始阅读时，iPad便会向他们展示出电子书APP的系统模型：屏幕、虚拟按钮、手势等，也就是说用户看到的真实的操作界面即是产品的系统模型。而在iPad上这些APP到底是如何使屏幕可点、手势可准确识别，则属于实现模型的范畴。

3.1.2 理解用户心理模型的重要作用

为什么理解用户的心理模型对用户体验设计如此重要？

从前文的分析不难看出，用户的心理模型是完全属于问题领域的概念，而实现模型则是对问题如何解决的技术领域的概念。用户心理模型的形成取决于很多因素，产品的设计者很难改变。而实现模型则依赖于特定时期的技术水平，因此这两种模型很难改变。在这种情况下，唯独系统模型可以适当调整，以使产品接近用户的心理模型。可以说，系统模型越是接近用户的心理模型，用户需要调整自己以适应产品的地方就越少，产品就越容易被使用。构建友好的系统模型的基础是充分理解用户的心理模型，途径则是用户体验设计，心理模型、用户体验设计与系统模型之间的关系如图3-1所示。

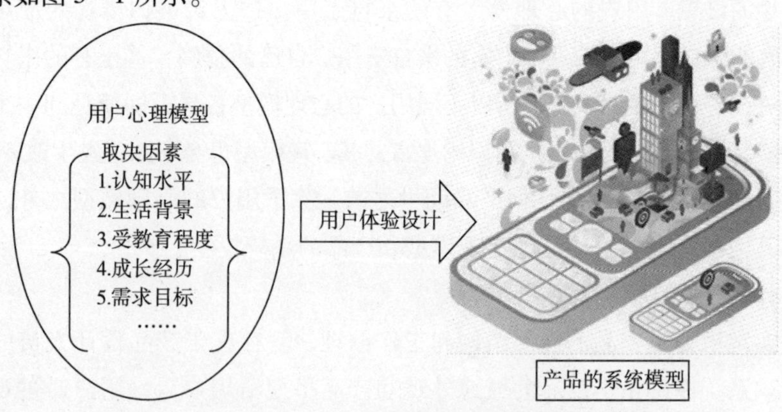

图3-1 心理模型、体验设计与系统模型之间的关系

[1] novanewlife，从心理模型和实现模型的匹配谈用户界面设计，http：//blog.sina.com.cn/s/blog_4caba12a010008cn.html，2007.9。

回归现实，有许多UE设计师认为自己很清楚哪些用户将使用自己的APP，自以为很了解用户对这些APP界面的使用经验有多少，以至于造就了一系列基于这些“自以为”的失败的UE设计。在理解用户心理模型的阶段，UE设计师还要重视一个常识：受众、产品乃至APP都是多种多样的。设计师如果只为某类受众设计，那么产品的概念模型就只能与这类用户的心理模型相一致，而与其他用户不相匹配。

2013年，MIUI V5在设计中出现了一些比较严重的问题，如“阴影特效随意乱用”，这个问题的产生源于对Android用户心理模型的不明了；再如“用色过于鲜艳，难以搭配”问题的出现，因为它只考虑了部分用户的心理模型。类似这些问题的出现将最终导致“MIUI就像在彭罗斯台阶上行走的人，气喘吁吁地自以为向上爬了不少高度，但其实在局外人看来，他的高度完全没有上升，甚至是下降到了更低的地方”。❶

从前文可知，用户通常是在零碎时间使用手机，有时处于极其不便输入的情境中（如站着挤公交车的情形）。因此当一个新APP被开启时，如果还需要输入Email、账号、密码注册，下载大型资料，或是设定喜欢的类别，才能开始享受它提供的价值，那么用户会在中途因为零碎时间结束，或是输入太麻烦而放弃。这种情况下流失的用户不计其数，原因在于未理解这些用户的心理模型。

如果在使用APP的过程中，用户能倍感安全和舒适，那么这款APP在市场中的生存期一定会延长。如果APP的效果与用户的心理模型恰好一致，那么它将很容易地被用户接受。如果用户可以非常轻松地对APP建立起心理模型，那么这款APP可谓直观友好。如果用户对APP一无所知，无法形成准确的心理模型，那么就需要APP的推广者帮助用户改变其心理模型。

总之，优秀的产品会让用户用起来轻松、有亲切感，亲切感就来源于设计师最大程度对用户心理模型的考虑。最佳的体验有时候并不是什么高明创新，而是简单地满足用户的习惯或给用户一个清爽有序的结构。❷

---

❶ NovaDNG，MIUI与彭罗斯阶梯，http：//www.geekpark.net/topics/180041，2013.5。

❷ 互联网的那点事，兼容心理模型和系统模型的交互设计，http：//www.alibuybuy.com/posts/27697.html，2014.11.30。

3.2 UCD 模式下 UE 设计的基本流程

UCD（User Centered Design）是指以用户为中心的设计，它强调在设计过程中以用户体验为设计决策的中心，强调用户优先的设计模式。也就是说，在进行产品设计时从用户的需求和用户的感受出发，围绕用户为中心进行产品设计，要让产品适应用户需求，而不是让用户去适应产品。以 UCD 为核心的设计都时刻高度关注并考虑用户的使用习惯、预期的交互方式、视觉感受等。[1]

UCD 模式下要完成 UE 设计大致需要经过市场调查、研究用户、理解需求、确定目标、设计原型这些步骤。

3.2.1 有效的市场调查

要设计拥有良好用户体验的 APP，必须首先清楚目标市场中用户的需要是什么。这个问题对于身处大数据时代的人而言，已经比较容易。这是因为在数字化时代，数据处理变得容易、快速，人类拥有了瞬间处理成千上万的数据的技术。也就是说数据处理技术已经发生了翻天覆地的变化，于是出现了在市场调查时不要随机样本，而要全体数据的提法。

运用大数据分析目标市场中用户的需要时，需要在思维方式上有以下三个转变：

第一，要分析与应用相关的所有数据，而不是仅仅依靠少量的数据样本来分析目标市场中的用户需要。当面临大量数据时，可以释放采样时代由于样本的局限和信息的缺乏带来的约束和限制，大数据可以让人们更清楚地看到样本时代无法提示的细节信息。

第二，要乐于接受数据的纷繁复杂，而不要再沉溺于数据的精确性。当数据较少时，关注最重要的数据和获取最精确的结果是可取的。而大数据纷繁复杂，优劣掺杂，分布在全球多个服务器上，拥有了大数据，对于一个现象只要搞清其大致的发展方向即可。但是这并不妨碍精确度的研

[1] 百度百科，UCD，2015.1.6。

究，毕竟与小数据的限制相比，大数据从另一个角度为人类带来了更高的精确性。此处只是强调不要一味地沉溺于数据的精确性而放弃了宏观方面的洞察。

第三，要关注事物间的相互关系，不再探求难以琢磨的因果关系。在大数据时代，分析用户的需要时，无须再紧盯用户需要与其相应根源之间的因果关系，取而代之的应该是寻找与用户的表象需要相关的其他关系，这些关系会提供新颖而有价值的信息。

以上简单介绍了在大数据时代做市场调查时要进行必要的思维转变，对于许多尚未能够驾驭大数据的设计者而言，可以采用以下 3 种传统而常用的调查方法。

1. 问卷调查法

问卷调查是一种发掘事实现况的研究方式，最大的目的是搜集、累积某一目标族群各项属性的基本资料。❶ 调查研究者首先将需要确定的事项设计成各种“问题”或“试卷”，然后请相关人士做答。通过分析研究各问卷样本，了解问题现状。问卷调查法可以使研究者直接从受试者那里获得资料，以测量受试者个人的所知所闻、个人的喜好与价值观或个人的态度与信念。❷

在做问卷调查时，首先应确定调查内容，设计调查问卷。问卷调查具有有效性的基本要求是“问该问的问题”，在这个基础上如果能“把该问的问题问好”，那么问卷调查的可靠性就得到了根本保证。

比如，在设计旅游方面的 APP 时，设计者需要了解用户下载旅游 APP 的目的，那么有关“使用旅游 APP 做什么”就是一个该问的问题，但是如何把问题问好，这是一个艺术，还涉及问题的形式。为了能让受试者打消隐私顾虑，有效地聚焦于问题核心，可以将问题设计成为多选题，并将可能的答案，如“听音乐、看视频、查地图、分享游记、网络社交”等逐一列出，让受试者进行选择，还可以添加“其他”选项，作为受试者的补充回答。

其次，根据调查内容确定调查对象。调查对象的选择是否合理关系着

---

❶ 百度百科，问卷调查，2014. 12. 19。

❷ 百度百科，UCD，2015. 1. 6。

问卷调查的结果是否有效。合格的调查对象应该具备调查内容的相关知识，同时样本范围要足够大。

比如，问一位乡间老农："您认为新闻阅读 APP 的交互操作方便吗?"（选项有很方便、一般、不方便），他可能无言以对，因为也许他都不知道 APP 为何物，更不用谈"交互操作"了。再比如，在做高校校园内的社交产品时，如果只选定个别学校的学生作为样本，则调查结果可能会失真。所以在确定调查对象时无论是选择范围还是数量都应有所考量。

最后，根据反馈的样本将调查结果去伪存真，统计汇总。问卷调查法具有高效、客观、广泛等优势，但由于问卷的提交与反馈仅依靠调查对象的自觉自愿，所以往往回收率较低。从被调查的内容看，问卷调查法适用于对现时问题的调查；从被调查的样本看，适用于较大样本的调查；从调查的过程看，适用于较短时期的调查；从被调查对象所在的地域看，在城市中比在农村中适用，在大城市比在小城市适用；从被调查对象的文化程度看，适用于初中以上文化程度的对象。❶

2. 面谈访问法

所谓面谈访问，就是调查员按照抽样方案中的要求，按事先规定的方法选取适当的被访者，再依照问卷或调查提纲进行面对面的直接访问。❷通过面谈访问，设计者可以真正了解被访者的真实想法，与问卷调查相比较，它更容易获取反馈。

在做面谈访问时，首先需要调查者和被访者分别介绍自己。然后，调查者引导被访者进行访谈前的热身，引导的目的在于让被访者对下阶段的访谈客观自然地予以回答。接下来就可以展开讨论，此时需要调查者关注被访者对产品的态度、期望、假设或使用经验，而非其直观感觉。最后简洁明了、有礼有节地结束访谈。有些时候，在结束前还会允许被访者自由地表达一些未谈及的想法或意见。

在做面谈访问时，应尽可能大范围地选择不同类型的用户进行访谈。其积极意义在于，容易建立调查者与被访者之间的信任和合作关系，有望

---

❶ 郭元祥、伍远岳，问卷调查法的特点，http：//kgxm. e21. cn/html/2011/01 - 10/1294 6243982024383273. htm，2014. 2。

❷ 百度百科，面谈访问，2014. 12. 2。

得到较高质量的样本并获取较多有效的数据，此外它还具有激励的效果。但是，使用面谈访问时，其费用较高、时间较长、某些群体的访问成功率低、实施质量的控制较困难等缺陷也不容忽视。[1]

3. 观察调查法

观察调查法主要是观察人们的行为、态度和情感。它是不通过提问或者交流而系统地记录人、物体或者事件的行为模式的过程。当事件发生时，运用观察技巧的市场研究员应见证并记录信息，或者根据以前的记录编辑整理证据。[2]

成功使用观察法，并使之成为市场调查中数据收集的工具，必须具备如下条件：第一是所需要的信息必须是能观察到或能够从观察到的行为中推断出来的；第二是所观察的行为必须是重复的、频繁的或者是可预测的；第三是被调查的行为是短期的，并可获得结果的。

通常使用观察调查法时，首先需要与被调查者取得联系，征得被调查者的同意，约定观察时间和观察形式（如自然观察或设计观察等）；其次，布置观察场地或场景；再次，调查者运用视频记录用户的行为举止；最后，调查者根据记录整理和分析数据。

在做 APP 的市场调查时，还可以借助于“万能”的互联网，比如，可以从众多的应用商店里了解同款 APP 是否存在，使用者对其评价如何等信息。

总之，做市场调查的目的在于了解目标市场的需求。在市场调查结束后，应该由调查者撰写出调查报告，其中至少要包括调查背景、报告提纲以及报告的主体等内容。

在“调查背景”中，具体说明调查的原因和目的，选取调查样本时的考虑因素，调查方法以及调查所获得的数据概要。“报告提纲”可以理解为报告要点或目录，此部分内容可以与市场调查的主要问题相对应。“报告主体”部分则要详细阐述得出的结论，需要对具体的数据配以图表进行论述。

---

[1] 百度百科，面谈访问，2014. 12. 2。

[2] 百度百科，观察调查，2014. 12. 2。

3.2.2 研究真正的用户

了解了市场的需要之后，紧接着需要明确市场中到底哪些用户才是真正的用户。UCD 模式强调无论在哪个环节都要以用户为中心，如果在设计初期未能明确真正的用户，那么在后期各个环节中都将以“伪用户”为中心，所有的设计将事倍功半。所以，明确产品真正的用户非常重要，而能否确定真正的用户取决于前期的市场调查是否有效可靠。

通常设计者在做设计的时候，总会站在自己的角度，把自己当作用户。❶ 所以对于设计者而言特别需要注意：设计者本身不是用户，真正的用户也许不懂设计。

一个优秀的设计者应该站在用户的立场上，真正去体会用户的感受，但是他一定不是最终的真正的用户。比如，对于设计者而言，为 APP 做充分的引导是十分必要的，但是对于用户而言，有可能就是冗余。

以地图 APP 为例，对于真正的用户而言，他也许正需要立刻找到从所在地到目的地的乘车路线，而他却被“引导”告知：从今天起他不再是路痴；无奈翻一页后又被告知：与拥堵说再见；再翻：随心叫车；再翻：语音导航；再翻才到首页……这些并不是用户喜欢或需要的。换作设计者，看了这些，可能会将它描述的功能都试试，看它是怎么做的。设计者会觉得引导是有价值的，帮助用户发现产品的亮点，更容易让用户喜欢上这个产品。设计者们都觉得这是有价值的，但用户就是不会看。用户想要用这个 APP 来完成某个事情，他们渴望“别让我等，别让我想，别让我烦”。而这些类似于模态对话框的引导，却让他们等，让他们想，让他们烦。设计者们在自己的圈子里做着自己喜欢的东西，而用户却不是很喜欢。❷

确定真正的用户时需要首先分析各类用户对象，并回答 5W2H 的问题：

（1）WHO——他们是谁以及他们的职业、年龄、受教育程度和兴趣爱好等。

---

❶ 开源中国社区，http：//www.oschina.net/news/48960/designer - is - not - a - user，2014.10.4。

❷ 百度百科，观察调查，2014.12.2。

（2）WHEN——他们什么时候会使用这款 APP？工作时还是闲暇娱乐时，或是遇到什么麻烦和困难时……

（3）WHY——他们为什么要使用这款 APP？是为了结交更多的朋友，还是了解最新资讯，或者休闲娱乐，或支付，或益智……

（4）WHAT——他们用这款 APP 做什么事情？收发邮件？与通讯录中的联系人分享某消息？告诉朋友周围有什么餐厅？测试他的数学运算有多厉害？查看资深育儿经？购物？学围棋……

（5）WHERE——他们通常在哪里使用这款 APP？坐在办公室里，还是躺在沙发上，或者站在地铁里，或者抱着孩子走在喧嚣的大街上……

（6）HOW——他们认为应该怎么使用这款 APP？语音交互？手势交互？感应交互？传统输入式交互……

（7）HOW MUCH——他们需要 APP 做到什么程度？数量是多少？质量要求如何？会为使用 APP 支付多少费用……

举个例子来说明什么是真正的用户。阿姨帮是 2014 年上线的一个项目，它主要帮助用户解决家务中的三件事：扫地、洗衣和做饭。从表面来看，这三件事对于每个人都是特别高频次的事情，所以，似乎每个人都是这个项目的用户；但是，事实上，“家里有两三个保姆的富婆”[1] 根本不需要这个项目来帮助解决这三方面的问题，她们不是真正的用户。这个项目真正的用户是经常加班加点的白领，或者天天忙于各种项目应酬的人士，也有可能是明星。除此之外，项目中完成“扫地、洗衣和做饭”这三件事的“阿姨”也是其真正的用户，但固定做私人保姆的“阿姨”就不在此范畴之中。

在此阶段，可以借助“人物角色（personas）”的方式来搞清楚以上问题。一个人物角色是一个虚拟的人，是目标用户群体的缩影。也可以说，人物角色就是抽象用户群体的一个实例。创造一个人物角色就像为一个剧本创造角色，只是在移动设计和开发领域，剧本变成了 APP，角色则是 APP 的用户之一。在实际运用中，不要使用来自任何真实人物的信息，只要为每一个使用 APP 的真实用户类型创建人物角色即可。通常来讲，每款

[1] 新浪财经，万勇：充分挖掘客户需求，http：//finance. sina. com. cn/hy/20141202/120120975588. shtml，2014. 12. 3。

APP 大约需要 3 ~7 个人物角色。[1]

构造人物角色的基本步骤如图 3 –2 所示。

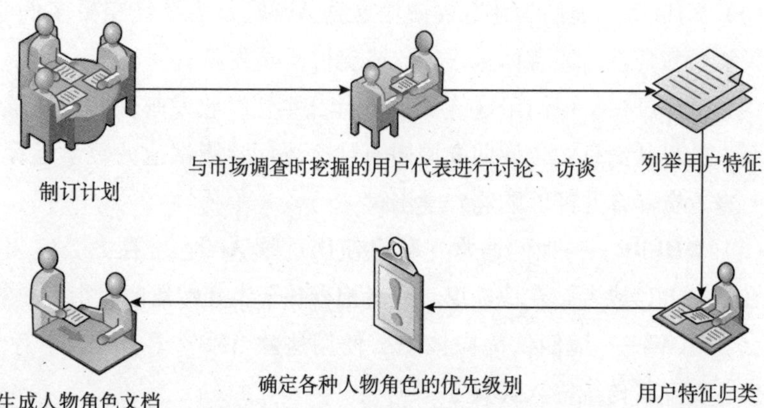

图 3 –2　构造人物角色的基本步骤

人物角色中展示的信息应该与 APP 密切相关，同时为了使设计者能更真切、形象地感知 APP 的用户形象，具体可以包括：姓名、年龄、职业、家庭状况、居住地、使用语言、兴趣爱好、教育程度以及他想用 APP 做什么，这个人物角色在用户群体中的优先级别等，如果能配有一张典型照片则更为完美。

通过对 APP 的用户及用户群体的分析，可以确定应用的核心功能，这对于整个应用的 UE 设计来说十分重要，但是并不能就此开始着手设计，还需要进一步地理解这些用户的需求，清楚用户的核心目标。

3. 2. 3　准确理解用户需求

100 多年前，福特公司的创始人 Henry Ford 先生到处去问客户：“您需要一个什么样的更好的交通工具?”几乎所有人的答案都是：“我要一匹更快的马。”很多人听到这个答案，立马跑到马场去选马，以满足客户的需求。但是 Henry Ford 先生却没有立刻往马场跑，而是接着往下问。

Henry Ford：“你为什么需要一匹更快的马?”

---

[1] Juhani Lehtimaki. 精彩绝伦的 Android UI 设计. 王东明，译. 北京：机械工业出版社，2015：10.

客户："因为可以跑得更快！"

Henry Ford："你为什么需要跑得更快？"

客户："因为这样我就可以更早地到达目的地。"

Henry Ford："所以，你要一匹更快的马的真正用意是？"

客户："用更短的时间、更快地到达目的地！"

于是，Henry Ford先生并没有往马场跑去，而是选择了制造汽车去满足客户的需求。

现实中，几乎所有的软件企业都认为自己关注了用户，并向用户提供了优秀的UE。而在使用软件的用户中，只有寥寥无几的用户这样认为。为什么会产生如此大的反差？设计良好UE的前提是要对客户需求进行准确的分析。很多企业、设计师不能做到准确地分析用户需求，这是上述问题产生的根源，Henry Ford先生所经历的"更快的马"的故事则恰如其分地说明了这个问题。

用户需求有显性需求和隐性需求两大类。隐性需求来源于显性需求，并且与显性需求有着千丝万缕的联系。另外，在很多情况下，隐性需求是显性需求的延续，满足了用户的显性需求，其隐性需求就会如期而至。这两种需求的目的本质上是一致的，但是在表现形式和具体内容上却不尽相同。通常而言，显性需求比较容易识别，可是隐性需求则比较难于辨认，但是在用户决策时却是隐性需求起决定作用，因为隐性需求才是客户需求的本质所在。❶

通过市场调查得知的需求往往都是一些类似"我要一匹更快的马"之类的显性需求。而有时用户的显性需求并不是用户真正的需求。设计者需要根据所收集的显性需求信息进行深度挖掘和捕获，以了解用户的隐性需求是什么，进而分析出用户的真正需求是什么，如"用更短的时间、更快地到达目的地"。这就是需求分析的过程。

乔布斯也曾说过："我们的任务是读懂还没落到纸面上的东西。"这实际上就是客户隐性需求的深度挖掘，就是用户需求分析。❷

---

❶ 百度百科，显性需求，2014.10.23。

❷ 朱海陵，要一匹更快的马——读《乔布斯传》随感（2），http：//blog.sina.com.cn/s/blog_536a26aa0100xmz9.html#post，2014.10.23。

理解用户的需求需要“将用户所提出的需求，放到用户的业务场景中去分析，分析用户是想解决一个什么问题，怎样才能为用户带来价值。这个需求到时候是否能真正用起来，这需要考虑用户的组织结构、部门角色、用户的推动力。然后再考虑各需求是否属于项目和产品范围之内，不是则不做。在确认需求之后，思考该需求是否会存在衍生需求，然后思考下能否用我们产品中已有的功能变相地来满足客户的需求”。❶

有一个著名的案例，用户买电钻，是想打孔，打孔是为了挂一幅画，挂一幅画是为了避免房间空旷、没有温馨的感觉……其实用户最后是想拥有一种温馨的感觉。设计者需要仔细思考并认真理解用户最本质的需求，这是产品存在的长远意义……❷

在“刷爆美国朋友圈的21幅职场哲理漫画”中，有两则与需求有关，一则是“鱼饵就应当符合鱼儿的胃口，而不是钓鱼者的胃口，这是人人皆知的道理，很多人却重复地错误着”；另一则是“总能找到这样的爱斯基摩人，他们拼命教导非洲的居民该如何生活，产品经理你听懂了吗?”美国的APP为何总是那么吸睛？也许正是由于他们能够更加准确地理解其真正用户的需求！

3.2.4 确定用户的核心目标

所有的用户都并非单纯地想要使用你的APP，他们使用的原因仅有一个，那就是要借此APP实现某些目标。比如，记住重要的约会时间、地点。用户会根据APP帮助他们实现目标的满意度来评价APP。如果APP的UI和功能恰好能帮助他们达成所愿，那么他们会很高兴。所以，在开始设计之前，首先要根据前期的调查、研究和分析制作一张用户目标列表。

那么，什么是用户目标？用户目标就是用户想要完成的事。这件事里没有任何与APP相关的功能。比如，用户想要在重新回到工作时继续操作刚才打开的文档，这就是用户的目标。如果它被描述成“用户想要保存一

---

❶ 李宗洋，如何理解并满足用户的需求（转），http://blog.sina.com.cn/s/blog_5610604c0100xt4x.html，2014.10.23。

❷ 蜗牛也是牛，用户需求理解下的需求实现，http://www.chinaz.com/manage/2011/0823/206401.shtml，2014.7.4。

份文档”，那么就已经有 APP 功能的成分蕴含其中了。对于一些技术人员来说，用户目标有点类似于用例。一个用例描述的就是用户单次使用 APP 时的场景。用户目标描述了用户为什么想要这么做。

什么是用户的核心目标？有时用户目标中会存在一些可有可无的内容，这些目标就不能算作用户的核心目标。如果 APP 不能使某项用户目标得到满足，用户断然不会使用，那么这项用户目标就可以称为用户的核心目标。在初始的用户目标列表制作好之后，需要与用户再次确认其核心目标有哪些。此时，不需要技术知识或者冗长的文档，有时只要逐一与用户核实“这对你是否很重要”即可。在确认之后，可以与领域专家以及任何可以提供帮助的人进行交流，重新组织和排列即可得到用户的核心目标。

没有任何一款 APP 可以包罗万象，所以不要尝试在一个 APP 内做所有的事。好的 APP 要从关键的用户目标开始，逐步延伸，与用户的核心需求完美契合。所以在项目开始的时候，要记下“Do’s and Don’ts”，它可以有效限定 APP 的功能范围，并帮助整个团队了解将会做什么以及不会做什么。

3.2.5 设计 APP 原型

在将用户的核心目标以及 APP 的主要功能确定好之后，就可以开始 APP 的原型设计了。

原型设计是设计过程中必不可少的一步，其目的在于模拟应用的功能。功能模拟可以让用户进行功能测试，还可以暴露在前几个阶段中未曾考虑到的一些问题。

原型设计的成果可以是低仿真度的图纸，不需要有任何真实的功能，或者是可以使用和体验的具有高保真度的功能原型，抑或是介于两者之间的东西。

也就是说，原型可以只是一个没有功能的空壳。APP 的用户界面，或者用纸板搭出来的硬件原型等均可以称为“原型”。设计者或其所在团队可以试着把自己放在非常苛刻的客户的角度，审视 APP 所要表达的功能是否能被接受？然后用快速迭代来改进设计。比如，Kickstarter 上一个基于 Android 的很有名气的游戏平台 OUYA，他们的游戏手柄，就是先用木头做的快速原型，然后在内部试用。目的是什么？在初期用尽可能小的代价，发现产品的不足，错误和不足发现得越晚，改正的代价就越昂贵。[1]

绘制框架是将 APP 的结构和原型展示在纸上的一种好方法。框架就是 APP 的蓝图。在没有视觉或者内容细节的干扰下，框架主要描述 APP 的各个 UI 如何组合在一起，它们之间有何关联。框架通常用单色线条绘制，包括大致组件的描述、图片的符号、文本块的填充文字等。框架易于绘制，方便修改，它可以让用户的需求和设计者的创意更加具体，更加具有可预测性，有利于团队内外沟通和讨论。

APP 的蓝图越有创意越好，前无古人便是其追求的目标。如何才能实现此目标？头脑风暴法可以做到这一点，如组织其他设计者以及其他团队成员开展讨论，集思广益。为了确保讨论结果的时效性，可以参考以下步骤：

第一，头脑风暴的发起者确定议题和议程。明确的议题可以使所有参与者都清楚讨论的主旨和范围。头脑风暴的会议时间可以因题而异，一般以 20 ~ 60 分钟效果最佳[2]，其中不可缺少的环节有：热身暖场、明确议题、畅所欲言、讨论评估等。

第二，邀请合适的参与者。一般来说，一次完美的头脑风暴的参与人数以 10 ~ 15 人为宜，最好不要少于 5 人，否则信息量太少，多者不限，但人数较多时，需要主持者有较强的现场驾驭能力，以及足够的讨论时间。参与者最好具有不同的背景，比如不同的年龄层次、不同的社会阶层、不同的职业、不同的性别等。参加者的专业应力求与所论及的决策问题相一致。

第三，准备所需的硬件设施，布置头脑风暴会场。头脑风暴需要一些设备的支持，在小规模的头脑风暴中，一张桌子、一支笔、一张纸、一台笔记本电脑足矣；在大规模的头脑风暴中，则需要准备一张大小合适的圆桌、一块大小合适的白板、若干白板笔、一个投影仪、一到两台电脑、草稿纸、铅笔等。有时为了营造放松、自由的气氛，还可以为参与者准备一些饮料和小吃。

---

[1] 知乎，创业公司如何确认用户需求，http：//www. zhihu. com/question/19554587/answer/15851991，2014. 4. 1。

[2] 百度百科，头脑风暴，2015. 1. 2。

第四，为参与者合理分工。在头脑风暴时，需要一位具有较强决策能力并熟悉头脑风暴法的处理程序和处理方法的主持者。另外，还需要有两至三名记录人员，其中的一位记录者将参与者的想法及时、精炼、客观地写在白板或其他醒目的地方，另外的记录者做电子记录，方便日后共享、讨论和评估。

第五，在遵守规则的前提下鼓励畅所欲言。在会议开始时，主持者需要说明头脑风暴法的重要规则，比如，不允许批评，以免扼杀想象力的发挥和产生；禁止参与者私自交谈，避免干扰他人发言和浪费时间；鼓励标新立异，天马行空和与众不同；追求数量。然后可以谈一些与议题有关的有趣的话题，从而让参与者的思维处于活跃的状态，使之愿意畅所欲言。

第六，讨论评估。头脑风暴会议的根本目的是用新观念或设想处理或解决问题。在自由发言结束后，需要整理有效意见，为问题的解决挖掘出可行方案。为此，首先可将发言过程中产生的模糊、有歧义的观点进行澄清，确保所有的观点均清晰明了；其次，删除脱离议题或无价值的观点和条目；再次，可以根据与主题的关联度和价值为所有条目进行排序，最后，确定最理想的想法。

在绘制框架时，可以使用许多辅助工具。例如，POP（Prototyping on Paper）是一款辅助交互设计展示的 APP。使用前，设计者可以先在纸上画出设计效果，然后将设计的效果图拍照。接下来即可用 POP 对相应的区域设置操作方式和转向，这样便可轻松将设想传达给其他人。❶

再如，还可以使用专注于移动端的交互设计软件 JustinMind 完成框架绘制和原型设计。它是由西班牙 JustinMind 公司出品的原型制作工具，可以输出Html页面。在 JustinMind 里面对于组件的交互效果有着极其方便的操作方式，在移动设备上能够高度仿真地实现各种手势效果。❷ 与主流的交互设计工具 Axure，Balsamiq Mockups 等相比，JustinMind 更是专为设计 APP 而生。

随着越来越多的研发成果面世，用来设计 APP 原型的工具软件或 APP

---

❶ POP（Prototyping on Paper），http：//www. pc6. com/az/119708. html，2015. 1. 24。

❷ 神器推荐：JUSTINMIND！为移动设计而生，http：//www. uisdc. com/justinmind – prototyper – pro，2015. 1. 24。

将会不断涌现，设计者可以根据需要选择使用。

3.3 UE设计中的敏感要素

3.3.1 功能可见

“Only show what I need when I need it.”❶ 这是 Android Developers 中提到的设计原理之一，可以将它译为“仅在需要时显示”。

所有的产品经理都明白，几乎所有的用户都喜新厌旧，其内心总得不到满足。在各种商场中，他们漫不经心地将 APP 一扫而过，凭着当时的感觉和心情随意地下载了一个应用。初次使用还不到 5 分钟，就因各种莫须有的原因将 APP 残酷地扔进了垃圾箱。精心设计的 LOGO 和绚丽的界面只吸引了他们 5 分钟，甚至更少。

这个问题产生的原因在于，在这样的 APP 的 UE 设计中，对功能可见的关注不够，也就是说 APP 为用户呈现的并不是用户希望看到的或想要使用的，而用户需要的却并未明显地展示在其眼前。

换言之，APP 应该让我们的生活更轻松更有趣。如果它会让用户的生活更麻烦，那他们很可能就会另寻出路。APP 的设计更像是一门科学，这其中会涉及标准化的布局、设计和功能。比如，有些 APP 在竖屏模式下可能会出现分辨率问题，有些可能在复杂的导航中隐藏了关键信息，有些图标和按钮太小，或者排列过于紧凑……也许其中的一个瑕疵不足以酿成大错，但如果多个问题结合在一起，就很可能导致用户卸载。❷

功能可见的 APP 具有易用的品质。根据中国报告大厅在 2014 年 12 月提供的“APP 行业现状分析”可以得知，自 2013 年以来，APP 的数量猛增，同质化现象很突出，在这种残酷的市场环境中，用户要想找到某款 APP 的替代品非常容易。所以，如果 APP 不能在用户第一次使用时为用户

---

❶ Android Developers，http：//www. androidcommunitydocs. com/design/get – started/principles. html，2015. 1. 12。

❷ uTest，列举用户卸载手机应用的五大原因，http：//gamerboom. com/archives/72465，2014. 12. 4。

带来良好的易用体验，那么它一定会面临被用户直接卸载的结果。

对于 APP 而言，功能可见意味着必要的功能一定要“仅在需要时显示”，这是许多产品在设计中的精妙之笔，是设计师应遵循的原则之一，这是因为：

第一，可以为移动设备页面承载更多信息。

移动设备的兴起，使传统意义上的页面变得越来越小，隐藏不需要的内容从而使有限的界面承载更多的信息成了趋势。

第二，可以使界面变得简洁优雅。

排版界人士认为，合适的留白可以使界面变得优雅简洁，让用户的视觉得到暂时的休息。批发市场与整齐的超市相比，总是给人拥堵、嘈杂的感觉，而超市中各种商品的明显边界却让人觉得从容、闲适。在超市里，非必需品的隐藏释放了空间，使购物环境变得简约。在产品设计时，功能的隐藏则释放了界面，使交互变得轻松。

第三，可以突出核心功能，使有效信息更清晰。

页面中所有的设计应该为其核心任务服务，隐藏不必要的信息，核心信息才会相对清晰和凸显，这是对用户最好的指引，在我们真正需要时给予我们，这样的设计能与用户产生思维上的互动，让人瞬间感动，并因此产生良好的用户体验。

如何才能“仅在需要时显示”？将功能放在用户所关注的位置上，放在用户的预期位置。比如，无论是书本阅读还是使用 APP 阅读，人们都习惯从左到右、从上到下，在 APP 中用户触屏时，通常可以假设用户读到了触屏处，设计者可以利用这个预计信息将“加标签”等功能在此时提示。

如果一个 APP 隐藏了它的功能，却要求用户思考如何操作，部分用户就无法使用它。一款 APP 会有许多用户，即使这部分无法使用的用户所占百分比很小，加起来也是相当大的数字了。APP 设计者不希望有很多用户无法使用其产品。

“仅在需要时显示”就是要做到越多人使用的功能，越可见。这样用户就能看到并识别出可供选择的功能而不是必须思考它们在哪里。相反，少数特别是充分训练后的人才会使用的功能，可以隐藏起来。

综上，对于 APP 而言，用户最大的关注点就是它是否易用，可以说易用性是 APP 最重要的品质。如果用户不知道如何使用，即使这个 APP 功能很全面、界面非常绚丽也无济于事。

3.3.2 减少记忆

长期以来，心理学家将记忆区分为短期记忆和长期记忆。短期记忆涵盖了大脑中从几分之一秒到几秒，甚至长达一分钟的信息情况，长期记忆则包含了从几分钟、几小时、几天到几年甚至永远被保留的信息。

研究者发现人们的短期记忆会受很多因素的干扰，具有很强的不稳定性，记忆的容量也非常有限。展示短期记忆在容量和时间上都有限的一个方式是让人们看一张图，接着再看与此图相关的另一个版本，然后问他们两张图是否相同。第二张与第一张有许多不同的地方，令人惊讶的是，人们却无法发现。为了更深入地进行探索，研究者要求人们回答关于第一张图的问题，影响他们观察的目标，即他们注意力所关注的特征。结果是：除了被引导而注意到的特征，人们无法发现其他区别，这被称为“变化盲视”。[1]

感兴趣的读者可以试着玩一玩这个魔术游戏。图 3－3[2] 中有 6 张扑克牌，选择其中任何一张记住。本书会像施了魔法一样，将读者选择好的那张牌“偷走”。

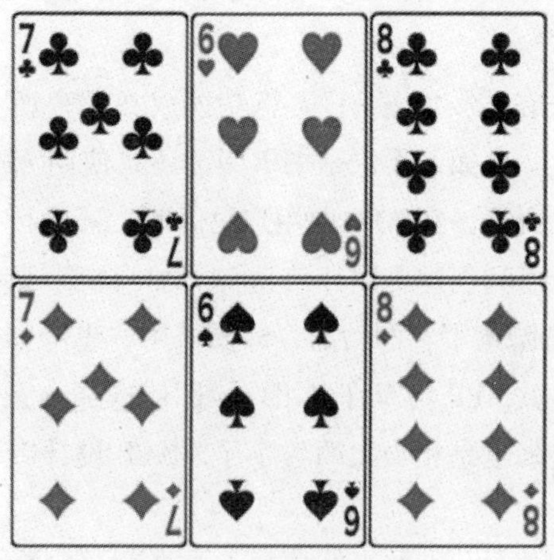

图 3－3 短暂记忆游戏图 1

[1] Jeff Johnson. 认知与设计. 张一宁，译. 北京：人民邮电出版社，2014：71.

[2] 图片来源：http：//tieba. baidu. com/p/1364933439。

接下来看图 3 – 4[1]，选好的那张扑克牌还在其中吗？

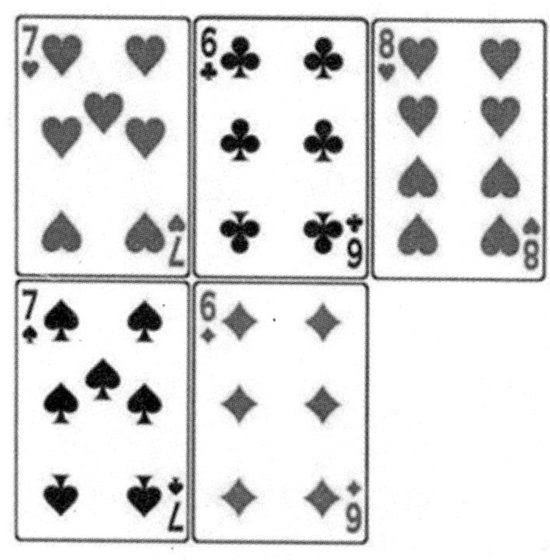

图 3 – 4　短暂记忆游戏图 2

真的是书本在变魔术吗？其实对比两张图会发现，上下两张图中的扑克牌没有一张是重复的，无论游戏者选择哪一张去记忆，在第二张图中都会找不到，但是许多人却被误导。这一现象背后的原因在于游戏者更专注于自己选择的那张扑克牌的特征，其他特征则被忽略，甚至完全视而不见。

长期记忆与短期记忆的相似之处在于会受到诸多因素的影响，但两者之间也有一些差别，其缺点主要有“容易出错，印象派，异质，可回溯修改”。[2]

记忆的这些特点需要 APP 的设计者特别注意，在设计时要尽量帮助用户从某一时刻到下一时刻记住核心的信息，而不是让用户记住所有信息。必要时可以用一些工具或技巧辅助用户去记忆。比如在很多 APP 的注册过程中都需要有手机号的验证，一旦忘记密码即可通过向手机发送验证码的方式找回。这些方法可以让用户的记忆压力得到释放，能够更加专注于主要目标。

设计者对 APP 的设计风格和模式选择要具有一致性，不同功能的操作

---

[1] 图片来源：http：//www. androidcommunitydocs. com/design/get – started/principles. html，2015. 1. 12。

[2] Jeff Johnson. 认知与设计. 张一宁，译. 北京：人民邮电出版社，2014：94.

越一致，或者不同类型对象的操作越一致，用户要学的东西就越少。比如，做聊天 APP 时，如果模式与 QQ 相一致，那么用户就很容易学习使用。同一款 APP 内部，在一致的位置摆放信息和控件，并使之具有相同的颜色、字体等表现形式会让用户轻松地找到并识别它们。

除此之外，为了减少用户对信息的记忆，在设计细节时可以做到以下几点：让用户去选择，而非去输入；让用户去识别，而非去记忆；让图形表达功能，而非文字。

3.3.3 响应时间

没有什么比 APP 不时崩溃、中止或毫无反应更让人抓狂了。运行缓慢是用户抛弃 APP 的头号原因。有调查发现，79% 的用户表示自己会再次或两次尝试首次运行失败的应用。但仅有 16% 的受访者称自己会尝试两次以上。Applause（注：这是一款手机应用分析工具）数据显示，在用户评论中出现“崩溃”字眼的应用，比一般应用更易于获得仅 1 或 2 颗星评价。❶

与 PC 桌面相比较，触碰式荧幕的特点，就是按下虚拟按钮后，没有任何的物理反应。因此用户对于一个 APP 软体反应的心理需求，其实还要更高。如果你的 APP 没办法经常即时地给用户回馈，甚至还会闪退，淘汰便成为自然的事。❷

还有研究表明，一个交互系统的响应度（以用户在时间上的要求和用户的满意度来衡量），即能否跟上用户，及时告知他们当前状态，而不让他们无故等待，是决定用户满意度的最重要的因素。它是最重要的因素，而非“之一”。❸

由于移动设备的自身特点及种种不可控因素，会导致 APP 有时无法立刻完成用户的请求，但是高响应度的 APP 要力求做到即使无法立刻完成请求，也能让用户了解状况，对其操作和执行情况提供反馈，并根据人类感

❶ uTest，列举用户卸载手机应用的五大原因，http：//gamerboom. com/archives/72465，2014. 12. 4。

❷ itwriter，为什么你的 App 留不住用户？http：//news. cnblogs. com/n/507697/，2014. 12. 3。

❸ Jeff Johnson. 认知与设计. 张一宁，译. 北京：人民邮电出版社，2014：129.

觉、动作和认知的时长来安排反馈的优先顺序。具体地，需要做到：[1]

第一，立刻告知用户，已经接收到其操作。比如，一些用户体验较好的邮件服务商在用户点了“发送邮件”按钮后，会立刻显示“发送中……”字样的提示。显著地标识系统状态会让用户有良好的使用体验。

第二，对操作完成进度给予提示。这会引导用户完成他们的目标，而不至于使他们半途而废。比如，当用户使用视频播放器观看视频时，会根据内容大小呈现如图 3－5[2] 所示的缓冲进度。

图 3－5　缓冲进度提示

第三，虽然无法立刻完成请求，但并不妨碍用户完成其他事情；在用户发送多个请求后，能够智能地管理用户请求事件的顺序。

比如，人们去银行柜台办理“兑换外币”业务，也许由于办理业务的人比较多，需要客户等待（无法立刻完成请求）。银行的办事人员会首先询问办理的业务内容（告知用户已经收到请求），并根据业务内容为客户发放一个顺序号码牌，上面清楚标记了客户的顺序，还有多少位在等待的客户（对操作完成进度给予提示）。在此等待期间，办事人员还会建议客户办理其他非柜台业务，如引导客户填写相关表格（不妨碍用户完成其他事情，智能地管理用户请求事件的顺序），这远比无助的等待要好得多。在这个例子中，如果银行能对处理各种业务需要多长时间做出预期，其服务质量会更加令人满意。

---

[1] Jeff Johnson. 认知与设计. 张一宁，译. 北京：人民邮电出版社，2014：130.

[2] 图片来源：http：//www. sc115. com/psd/141389. html，2014. 1. 23。

3.4 结论

本章介绍了心理模型的概念，分析了理解用户心理模型的原因，得出了心理模型将对 UE 设计产生的影响和作用。在此前提下，介绍了 UCD 模式下设计 UE 的基本步骤和常用方法，列举了 UE 设计中的三大敏感要素等内容。

第4章

开始UI设计

4.1 格式塔原理——UI设计的魔法棒

4.1.1 格式塔原理概述

20世纪早期，一个由德国心理学家组成的研究小组试图解释人类视觉的工作原理。其中最基础的发现是人类视觉是整体的：我们的视觉系统自动对视觉输入构建结构，并在神经系统层面上感知形状、图形和物体，而不是只看到互不相连的边、线和区域。[1] 格式塔是德文Gestalt的音译，其中文意思是“图形”和“形状”，因此格式塔心理学研究的出发点就是“形”。但这里的形又不止于一般所指的形式或形状，还包括由知觉活动组织成的经验中的整体，它认为整体决定部分的性质，而部分依从于整体。格式塔心理学的核心在于给不完整的视觉信息寻找最简单直接的解读办法。[2]

格式塔心理学是认知心理学中的一个重要理论，在视觉设计中已经有较大的影响。[3] 目前许多APP的设计偏好运用一个或多个格式塔心理学的

---

[1] Jeff Johnson. 认知与设计. 张一宁，译. 北京：人民邮电出版社，2014：9.

[2] 王小哈，今天你“格式塔”了吗，百度MUX，http：//mux. baidu. com/? p = 2057，2014. 12. 4。

[3] 腾讯GDC，设计师的魔法棒：格式塔原理，http：//www. chinaz. com/manage/2012/0904/272588. shtml，2014. 12. 5。

原则。这一举动不但能让设计有更多灵动的感觉，还比一般的设计更容易留住欣赏者的目光。❶

在UI设计中，最重要的格式塔原理有7种，分别是接近性原理、相似性原理、连续性原理、封闭性原理、对称性原理、主体与背景原理和共同命运原理。这7种原理根据其内涵及使用场合又可划分为3个领域，分别是组别划分类、整体感知类和吸引注意类。具体划分情况如表4－1所示。

表4－1　UI设计中重要的格式塔原理及其分类

类别	原理	内涵
组别划分类	接近性原理	距离（或位置）相近的各部分趋于组成整体
	相似性原理	在某一方面相似的各部分趋于组成整体
	共同命运原理	处于一起运动状态的图形和对象趋于组成整体
整体感知类	连续性原理	人类的视觉倾向于感知连续的形式而不是离散的碎片
	封闭性原理	彼此相属、构成封闭实体的各部分趋于组成整体
	对称性原理	具有对称、规则、平滑的简单图形特征的各部分趋于组成整体
吸引注意类	主体与背景原理	视觉系统帮助我们把主体从背景中分离出来

4.1.2　组别划分类原理

如何将一组元素有效地展示在用户眼前，组别划分类原理可以解决此问题。这类原理中的“接近性原理”指的是物体之间的相对距离会影响人类对它们的感知（它们是否组织在一起以及如何组织在一起），即互相靠近的物体看起来属于一组，而那些距离较远者则不属于这一组；“相似性原理”是指物体之间存在的共性或其相似之处会影响人类对它们的感知，如果其他因素相同，那么相似的物体看起来属于一组；“共同命运原理”则是指运动的物体会影响人类对它们的感知，一起运动的物体会被人们感知为属于一组或者彼此相关。

图4－1❷是“豆果”菜谱APP的UI，相似性原理让其中最上方的8个圆形图标与中部的文本和图片分别属于不同的组别。位于界面下方的菜

---

❶ 王小哈，今天你“格式塔”了吗，百度MUX，http：//mux. baidu. com/？p＝2057，2014. 12. 4。

❷ 图片来源：http：//news. hiapk. com/app/20140318/1492881. html。

谱图片之间的横向距离较近，在视觉上被视为整体，使用户产生“行”的感知，这就是接近性原理在 UI 设计当中的应用。

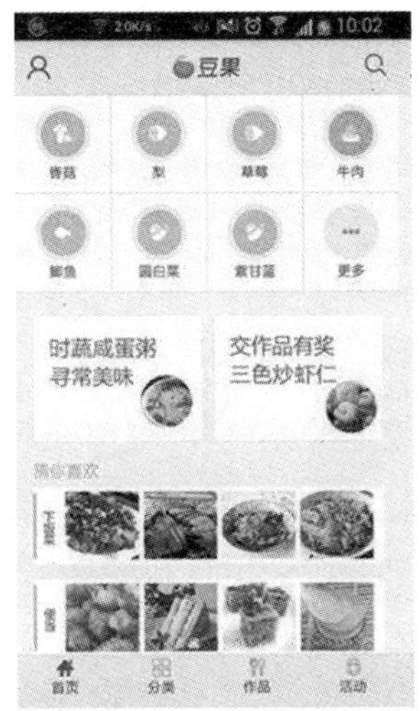

图 4-1　接近性与相似性原理使用示意图

图 4-2[1] 是水果忍者“选择模式”UI，其中四种被选模式都用了圆环形状，且环中的四种水果都在旋转，使用户在视觉上不自觉地将其视为一组。这是相似性原理和共同命运原理在 UI 设计当中的应用。

图 4-2　相似性原理与共同命运原理使用示意图

4.1.3　整体感知类原理

为移动设备设计 APP 时，总是需要思考如何使用有限的屏幕展示无限

[1] 图片来源：http：//www. liqucn. com/danji/article/169300. html。

的内容。解决这个问题还需要借助人类视觉倾向中的“整体感知”特点。比如，“连续性原理”表示意识会根据一定规律做视觉上的、听觉上的或是位移的延伸，表示在视觉过程中人们往往倾向于使视觉对象的直线继续成为直线，使曲线继续成为曲线；“封闭性原理”指出人类的视觉系统会自动尝试将敞开的图形关闭起来，从而将其感知为完整的物体而不是分散的碎片；“对称性原理”表明了视觉系统会自动组织并解析数据，从而简化这些数据并赋予它们对称性。

图4－3❶是Solar Max Lite应用的UI之一，它使用了APP设计中最常见的“整体感知”原理：露角效果，仅仅显示一个完整的对象和其“背后”对象的一部分就足以让用户“看到”由一组对象构成的整体。即使两边的内容没有完全显示出来，但是用户却能连贯地将露出来的内容小角与正在阅读的内容轻易地联系起来，明白之后依然还有内容，并且明白如何到达下一个内容。❷

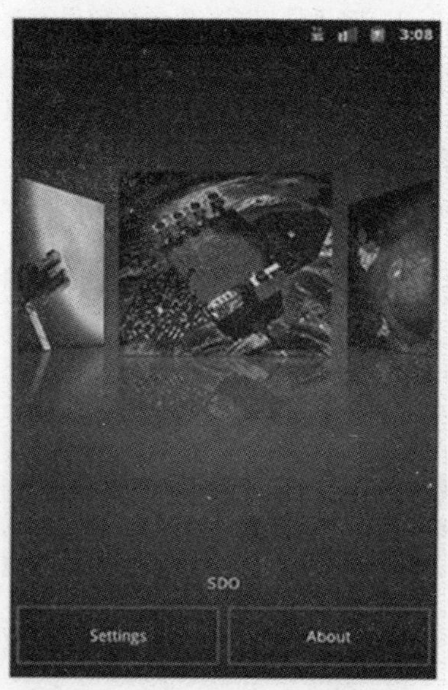

图4－3　整体感知使用效果图

---

❶ 图片来源：http：//www.appchina.com/mini/mini_ detail/com.ghostleopard.solarlite/? ref = mini.detail。

❷ 王小哈，今天你“格式塔”了吗，百度MUX，http：//mux.baidu.com/? p =2057，2014.12.4。

4.1.4 吸引注意类原理

如何使重要的、用户期待关注的信息脱颖而出，是吸引注意类中的“主体与背景原理”解决的问题。“主体与背景原理”指出人类的视觉系统自动将视觉区域分为主体和背景，主体包括一个场景中占据我们主要注意力的所有元素，其余则是背景。主体与背景的对比越鲜明，主体的轮廓越明显，越容易被发觉。图4-4[1]所示的是微信“群消息”界面。

图4-4 主体/背景原理使用示意图

为了使用户能清楚地知道哪些群中有新动态，它使用了“主体与背景原理”，在有动态的群图标右上角加红色数字标，与浅色背景形成鲜明对比，突出了重点。

---

❶ 图片来源：http：//jingyan. baidu. com/article/63acb44afb282561 fcc17e09. html，2014. 10. 3。

4.2 确定UI的设计风格

4.2.1 拟物化风格

拟物化风格来源于交互设计中的隐喻的处理手法，所谓隐喻就是使用一个用户熟知的事物来暗喻另一个事物。为了让APP看上去更直观亲切，操作起来更简单易用，设计者在UI设计时需要善于将图形隐喻做好，其中最重要的就是要选择好隐喻的对象，要使用户一眼即可理解。❶

拟物化风格的UI可以让用户从视觉上感到美观、亲切，如果设计者能将拟物UI做得逼真漂亮，那就更容易得到用户的青睐。

拟物化风格除了在图形设计和视觉风格方面有要求之外，还可以在音效、动画等方面大做文章，设计者可以在这些方面尽显其才。拟物化效果的应用过犹不及，要适可而止，设计者应该清楚UI要服务于功能，本末倒置有时会使效果适得其反。

4.2.2 扁平化风格

"扁平化设计"这个概念在2008年由Google提出，其核心在于放弃一切装饰效果，诸如透视、纹理、渐变等能做出3D效果的元素一概不用。所有元素的边界都干净利落，没有任何羽化、渐变。尤其在手机等移动设备上，更少的按钮和选项使得界面干净整齐，使用起来格外简洁，可以更加简单直接地将信息和事物的工作方式展示出来，减少认知障碍的产生。❷

虽然概念如此，但是扁平化风格的UI并未拒绝一切装饰效果。比如，这种风格下的UI通常会使用鲜艳明亮的单一色彩，这样可以使APP达到最小化设计，减少冗余信息的干扰，使用户专注于主要信息的获取；为了保持简单的流程和感觉，只包含少量的文字信息，用可视化的和图表化的

---

❶ 赵大羽，关东升．品味移动设计．北京：人民邮电出版社，2014：194.

❷ 百度百科，扁平化设计，2015.1.5。

信息来表达数据，从而可以在更小的屏幕空间内，更立体化地展示内容。❶

扁平化风格还要求对信息所在的层级进行优化，确保这些信息层级之间没有从属关系，尽可能把内容旋转在同一个层级或页面内，然后重点突出与核心功能相关的元素和内容，从而使得 UI 得到最大程度的优化和简化，让用户在最短的时间内清楚地识别出信息和功能的关系。

常见的扁平化风格布局有以下几种形式❷：

第一，单色效果。仅仅使用一个主色调，就能够很好地表达界面层次、重要信息，并且能展现良好的视觉效果。

卡塔尔航空公司的 APP 中，界面全部采用粉色，从标题栏到标签页，从操作按钮到提示信息，除了黑白灰之外，其余全为粉色设计。这种简洁的单色，起到了很好的信息传达效果，具有良好的视觉表现力。

第二，多色效果。与单色效果形成鲜明对比的，就是 Metro 引领的多彩色风格，多色效果特点在于不同的页面、不同信息组块可以采用多色或撞色的方式来设计，甚至同一个界面的局部也可以采用多彩撞色。

优衣库的 RECIPE 界面，是典型的多色效果案例。不论是切换标签页，还是在内容组块中滚动，都会变更不同的主题色。色彩切换的时候，还会有淡入淡出的效果，让切换变得自然而不生硬。RECIPE 的番茄钟计时器，会一边计时一边播放优美的美食背景音乐，与此同时切换不同的主体颜色。随着主体颜色的变更，所有的前景文案、图片也会变更为该色系，其效果如图 4－5❸ 所示。

第三，数据可视化效果。扁平化风格对信息的呈现方式很有挑战，越来越多的 APP 开始尝试数据可视化、信息图表化，让界面上不仅有列表，还有更多直观的饼图、扇形图、折线图、柱状图等丰富的信息表达方式。比如，天气通 APP 使用了曲线图显示温度变化，如图 4－6❹ 所示。

---

❶ 25 学堂，7 种常见的 APPUI 界面设计布局风格欣赏，http：//www.25xt.com/appdesign/5555.html，2014.10.4。

❷ 25 学堂，7 种常见的 APPUI 界面设计布局风格欣赏，http：//www.25xt.com/appdesign/5555.html，2014.10.4。

❸ 图片来源：http：//www.ithome.com/html/digi/80363.htm，2014.10.9。

❹ 图片来源：http：//www.cncmrn.com/channels/it/20120426/1096263.html，2015.1.6。

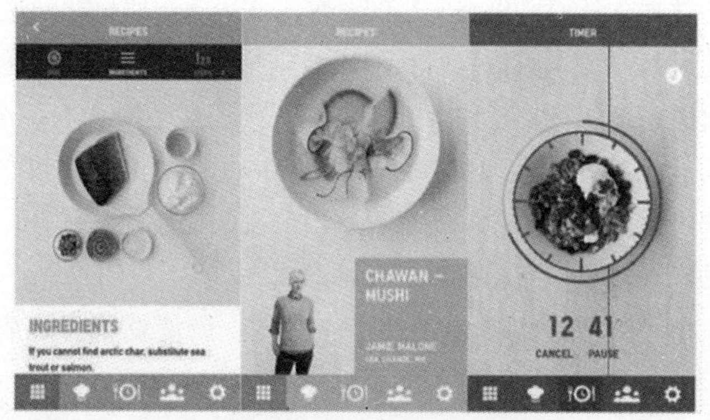

图 4-5　优衣库 RECIPE 界面效果

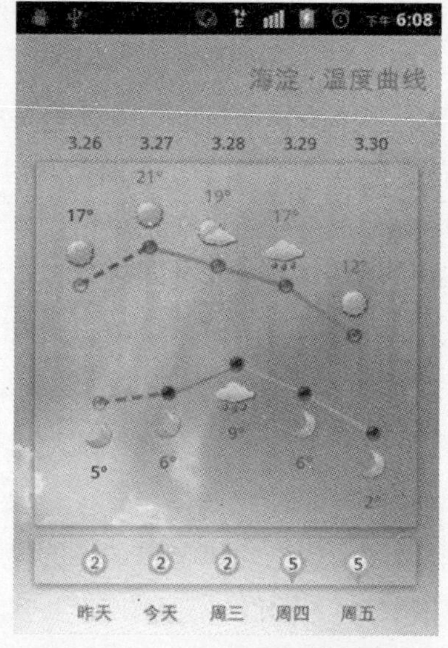

图 4-6　天气通的数据曲线图

第四，卡片效果。卡片也是一种采用较多的设计形式，Google 的移动端产品设计已经全面卡片化，甚至 Web 端也沿用了这种统一的设计效果，据说这是 Google 搜索的体验负责人引领的设计语言统一升级。

图 4-7[1] 所示的 Google Now 使用卡片式列表框架展示信息，把用户需要的信息展示在首页，将搜索结果前置，省去输入、点击和页面跳转的步

[1] 图片来源：http：//www.sj33.cn/digital/wyll/201404/38371.html，2014.12.4。

骤，让用户更快捷地获取所需要的信息。

图 4-7　Google Now 卡片效果示意图

第五，透视效果。即让一些信息或操作，浮动在图片上。用通栏的图片作为整个 APP 的背景，或者作为内容区块的背景，这样既可以提升视觉表现力度，又可以丰富 APP 的情感元素。在使用透视效果时，由于背景可能造成干扰，导致前景内容的可读性变弱，需要把重要的操作用明确的按钮隔离出来，阅读型的文字要使用与背景图的颜色明显的反色，甚至可以把文字浮在半透明的蒙层之上，使其可读性增强。

透视效果的案例如图 4-8❶ 所示。

图 4-8　透视效果示意图

❶ 图片来源：http：//www.sj33.cn/digital/wyll/201404/38371.html，2014.12.4。

4.2.3 手绘体风格

拟物化和扁平化风格是设计领域的两种极端的设计风格，二者有时也可以互相渗透。除此之外，当前手绘体风格也颇受个性用户的喜欢。

手绘体指的是以手工绘图、速写或手写文字为元素的设计风格，它具有轻松、随意、浪漫、幽默等特点。[1]

在同一款 APP 中，无论使用哪种 UI 设计风格都可以，但是一定要保持风格一致。这也是格式塔原理中所说的“相似性原理”的扩大化。如果同款 APP 的各个 UI 风格迥异，从“美”的角度来看，会显得不伦不类，而且容易让用户的感知凌乱。

4.3 合理使用色彩设计 UI[2]

在人类物质生活和精神生活不断发展、进化的过程中，色彩也不断地展示着自身神奇的魅力。人们不仅发现、观察、创造、欣赏着绚丽缤纷的色彩世界，还通过日久天长的时代变迁不断深化对色彩的认识和运用。本节主要介绍色彩在 UI 设计中的作用及其使用规则。

4.3.1 人对色彩的感知

人眼内的视网膜中包含两种感光细胞：视杆细胞和视锥细胞。视杆细胞的外段与内段呈细杆状，故称视杆细胞；视锥细胞为圆锥状，故称视锥细胞。它们是感光的特殊结构，而且各司其职。

视杆细胞负责察觉光线强度，只在低亮度下工作，这意味着只有在光线很暗的环境中，它们才起作用。在明亮的白天和人工照明环境中，视杆细胞完全不能提供任何有用的信息。

当视神经向大脑传递一系列频率的信号后，大脑后部视皮层上的神经元将中频和低频视锥细胞的信号去掉，得到“红—绿”的信号通道；一部

---

[1] 赵大羽，关东升．品味移动设计．北京：人民邮电出版社，2014：196.

[2] 范美英．浅析移动应用 UI 设计中色彩的使用．中国科技纵横，2014：44 - 45.

分神经元将来自高频和低频视锥细胞的信号去掉，得到“黄—蓝”的信号通道；还有一部分神经元将来自低频和中频视锥细胞的信号进行处理，得到“黑—白”的信号通道。这三个通道被称为颜色对抗通道（如果一个或者多个对抗通道无法正常工作，就不能区分某些颜色对，此时会产生颜色视觉障碍），紧接着大脑对所有颜色对抗通道做更多的减法处理，从而使得来自视网膜某个区域的信号被其附近区域的类似信号减掉。所有这些处理使得人的视觉系统能够区分颜色和亮度。

综上，人类对颜色的感知是从位于视网膜的细胞差异化的输出开始，然后经由大脑的视觉皮层和其他相关区域完成复杂的过程来实现的。色彩的不同呈现会对人的感知产生不同的影响，主要表现在：

第一，色彩的饱和度。当色彩的饱和度较低时，很难将相似的颜色区分开，所以纯度亦是色彩感觉强弱的标志。对于液晶显示屏而言，由于液晶每个像素由红、绿、蓝（RGB，即三原色）组成，背光通过液晶分子后依靠三原色像素组合成任意颜色光。如果三原色纯度较高，那么显示器可以显示的颜色范围就较广。如果显示器的三原色不够鲜艳，那这台显示器所能显示的颜色范围就比较窄，因为它无法显示比三原色更鲜艳的颜色。

第二，色彩区域的大小。色彩区域，又称色块，色块对象越小或者越细，人们就越难辨别其颜色。在一些用于统计的数据图表中，经常会出现较小的色块，虽然许多统计软件都可以为图表生成相应的图例，但生成的图例中的色块非常小，会影响用户对信息的捕获，其根源就在于色彩区域的大小影响了用户的视觉感知。

第三，色彩区域之间的距离。两个色块之间的距离越远，人们就越难区分其颜色，尤其是当两个色块间的距离大到人们需要运动眼球才可看到时，区分度会大幅下降。反之，如果两个色块之间的距离较近，且色彩对比度较大，则越容易被人识别。

第四，其他外部因素。除与色彩密切相关的因素之外，影响人们对色彩感知的因素还有很多，如环境光线、显示器的使用技术、显示角度、使用者本身对色彩的敏感度等。在设计 UI 的色彩时，对这些因素的考虑越周到细致，那么 UI 效果将越容易被用户所接受。

哪里有光，哪里就有颜色。有时我们会认为颜色是独立的：天空是蓝色的、植物是绿色的、花朵是红色的。事实上，色彩并不会单独存在，漂亮的色彩搭配常常会使画面更加吸引人。色彩就像是音符一样，没有哪一种颜色是所谓的“好”或“坏”，唯有一个个的音符组合起来才能谱出美妙的乐章，才能说是协调或者不协调。❶

4.3.2 结合硬件选用色彩

APP的运行载体是智能手机或平板电脑。在智能手机中，无论何种APP，其屏幕色彩均起着不可忽视的作用，这是因为一款色彩度饱满的智能手机能够给用户带来完美的视觉体验。对于手机屏幕来说，屏幕材质在很大程度上决定了这款手机的显示效果。

目前，主流的手机屏幕材质分为LCD（Liquid Crystal Display，即液晶显示器）和OLED（Organic Light - Emitting Diode，即有机发光二极管）两大类。市面上比较常见的TFT（Thin Film Transistor，即薄膜场效应晶体管）以及SLCD（Splice Liquid Crystal Display，即拼接专用液晶屏）都属于LCD的范畴，而三星引以为傲的AMOLED（Active - Matrix Organic Light - Emitting Diode）系列屏幕则隶属于OLED的范畴。

上述三者的各自特点在于：TFT可以精确控制显示灰度，所以TFT液晶的色彩更真；SLCD中规中矩，显示效果接近自然，给人舒服的感觉；AMOLED所显示出的色彩风格更加艳丽，三原色得到了很大程度的加强，但其色彩过渡不是很协调，色彩也显得不那么真实。

所以，在设计UI色彩时，需要考虑APP最终将主要运行在哪些设备中，其屏幕色彩使用的是哪种技术。

4.3.3 根据用户需求使用色彩

不可否认，色彩能够帮助用户快速建立对APP的认知，尤其是在UCD模式下，做UI设计时要更多考虑的因素就是用户对APP的需求。

在任何一款APP产生之前，都需要系统分析师对用户的需求进行深度调研，整理用户需求。任何设计都要基于用户的需求，需求决定了一切，设计者需要按照用户需求使用色彩。这是因为：

---

❶ 小C，用户体验设计遇见色彩情感，http：//cdc. tencent. com/？p=7694，2014. 6. 8。

第一，用户有其各自钟爱的色彩。

在不同的用户眼中，不同的颜色具有不同的寓意，色彩可谓是用户与APP之间交互的第一媒介。用户初次接触到APP时，对其产生的第一印象就来自于其中色彩的吸引力。适当应用色彩能够增强APP的感染力，不同的色彩也会左右APP给人的整体感受。表4－2列举了一些常见的颜色在大部分用户眼中的典型代表物及其蕴含的寓意。

表4－2　不同颜色的典型代表及其寓意

名称	典型代表	寓意
红色	太阳、火焰、热血、花卉等	温暖、兴奋、活泼、热情、积极、希望、忠诚、健康、充实、饱满、幸福等
黄色	阳光等	轻快、光辉、透明、活泼、光明、辉煌、希望、功名、健康等
蓝色	大海、天空等	沉静、冷淡、理智、高深、透明等
橙色	火焰、灯光、霞光、水果等	活泼、华丽、辉煌、跃动、炽热、温情、甜蜜、愉快、幸福
绿色	江河、海洋、植物等	生命、青春、和平、安详、新鲜等
紫色	水晶、紫色花卉等	神秘、高贵、优美、庄重、奢华等
黑色	夜晚、墨等	沉静、神秘、严肃、庄重、含蓄、悲哀、恐怖、不祥、沉默、消亡、罪恶等
白色	百合等白色花卉、白纸、牛奶、雪等	洁净、光明、纯真、清白、朴素、卫生、恬静等
灰色	灰色金属等	柔和、细致、平稳、朴素、大方、高雅、细腻、含蓄、稳重、精致、文明而有素养等

第二，存在辨别色彩较为吃力的用户。

经研究显示，生活中约有9%的男性和0.5%的女性是色盲，也就是说在辨别某些色彩方面存在着一些缺陷。大部分色盲是遗传所致，也有部分为疾病或受伤引起的。之所以男性比例较大，是因为与识别色彩有关的基因大多在X染色体上，男性仅有一条X染色体，而女性有两条，因此色盲在男性中的发病率更高。

在众多不同类型的色盲中，最普遍的是红绿色盲（无法分辨红色、黄色和绿色），此外，还存在少量的蓝黄色盲（无法分辨蓝色和黄色）以及全色盲（所有颜色看上去都是灰色）。

为了避免这些用户使用 APP 时出现由颜色带来的干扰或困惑，设计者在做 UI 设计时可以选择一些较为通识的配色方案，或者在使用颜色的同时配以其他元素区分不同的内容。

第三，不同文化的用户对颜色有着不同的诠释。

由上可知，色彩具有象征性，设计者要知道色彩的象征性并不是普适的，它还具有区域性、民族性。比如，许多国家和一些民族认为红色有驱逐邪恶的功能。在中国，传统上用红色表示喜庆，在婚礼上和春节时人们常用红色来进行装饰；而在北美的股票市场，红色表示股价的下跌。在东方，白色被视为丧色；而在西方特别是欧美，白色是结婚礼服的主要色彩，表示爱情的纯洁与坚贞（也有说是上帝最喜欢的颜色）。再比如，在有些国家，人们认为紫色代表高贵，是贵族常用的颜色之一，然而在墨西哥人眼中，紫色却代表哀伤。可见，不同文化的用户对颜色有不同的诠释。

也许 APP 的用户数量众多，会导致设计者产生“众口难调”的迷茫。这就更加需要设计者找出“真正的用户”，在设计时尽可能去满足他们的核心需求和目标。

4.3.4 色彩的使用准则

在符合用户需求的前提下，设计 APP 的 UI 色彩时，需要遵守色彩的使用准则。对于那些需要依赖色彩来传递信息的交互式 APP 而言，这些准则显得尤为重要。

第一，用色相、明度和饱和度来区分颜色。具体地，UI 中所使用的色彩尽可能使色彩之间有较高的反差，但要避免将对抗色（如红与绿、蓝与黄）放在一起。

第二，使用颜色对抗通道的颜色。如前文所述，正常人的视觉系统会综合从视锥细胞传过来的信号而生成三个颜色对抗通道。人们最容易区分的恰好就是能够在这三个通道中的一个通道上触发强信号，而在另外两个通道上触发空信号的颜色，如黑、白、红、绿、黄、蓝。而其他颜色都会在超过一个通道上产生信号，所以，为了提高用户的视觉感知，我们可以使用上述六种颜色。

第三，避免使用颜色视觉障碍的人无法辨别的颜色对。前文已述，在APP的用户中，也许会有颜色视觉障碍的用户存在，所以在使用颜色时，要避免使用不易区分的颜色对，如红与绿、蓝与黄、深红与黑、蓝与紫、浅绿与白等，最好不要在任何深色背景上使用深红、蓝或紫色。但在浅黄或浅绿背景上可以使用深红、蓝和紫色。

第四，用颜色以外的方法完成UI中的提示。如果在APP中用某种颜色代表了某个事物，那么最好再使用另外一种方法来标记这个事物，从而使得UI中的元素更加容易辨别和区分。

第五，使用符合用户心理期待的色彩。用户期待从APP的UI上获得何种心理体验或感受，在色彩使用时就要对用户的期待加以满足。比如，红色容易引起人的注意，也容易使人兴奋、激动、紧张、冲动，还容易造成人的视觉疲劳，在表达惊喜情绪的UI中，可以适当使用红色；蓝色比较朴实，能够为那些性格活跃、具有较强扩张力的色彩提供一个深远平静的空间，在表达浪漫和愿景的UI中，可以适当使用蓝色；绿色显得柔顺、恬静、优美，在需要表现希望、和平、青春的UI中，推荐使用绿色。

4.4 设计APP的图标

4.4.1 设计图标需遵循的原则

毋庸置疑，图标设计在APP的设计中占有举足轻重的比例。在设计过程中，图标包括APP的启动图标和工具栏图标。设计一个精美绚丽、充满视觉冲击力的启动图标非常重要。启动图标是APP的名片，可以用来在APP Store中为用户展示，下载后点击即可进入APP。工具栏图标则包含了进入APP后的所有图标样式，它们是提升APP视觉档次的利器。

虽然启动图标和工具栏图标的用处不同，且在表现方式上也有所区别，但在设计过程中都要遵循图标设计的基本原则：

第一，可识别原则。

在图标设计的过程中，形式不是最重要的内容，能否被用户准确识别最为关键。可识别的图标不仅没有歧义，而且一定可以清楚地表达APP的含义。如果用户能“见图标识 APP 功能”，那么这个图标可谓遵循了“可识别原则”。

第二，一致性原则。

前文已提一致性对于设计者来说很重要，在设计 APP 图标时，同样需要遵循一致性原则。这主要体现在同一款 APP 在不同平台上的图标要一致；相同平台下同一款 APP 图标的风格、细节和规格要一致。从视觉效果而言，不要让图标看起来过重或者过轻，要与其他图标的厚重感相差不多。

第三，兼容性原则。

在为 APP 设计图标时，必须考虑移动设备的特殊性，比如屏幕大小，像素多少以及设计风格。为了保证在桌面、设置列表等位置的图标都恰好合适，需要设计者对图标进行多次兼容性测试。除此之外，还要注意不要在图标上使用文字，以避免由于文字无法正常缩放带来的问题，而且 APP 的名字通常都会在图标旁边出现，无需多此一举。

第四，规范性原则。

不同的应用平台往往会产生截然不同的设计结果。了解学习平台开发规范非常重要，下节将重点讲述 Android 应用图标的设计规范。

4.4.2 Android 应用图标的设计规范

在为 Android 平台下的 APP 设计图标时，应该遵守以下设计规范：

第一，确保启动图标在任何类型的背景下均清晰可见。[1] 这是因为启动图标通常在移动设备的桌面，并且是所有 APP 的可视化表示，加之用户可以根据自己的爱好随意更改主屏壁纸，所以在设计启动图标时，首先要保证在任何类型的主屏背景下均清晰可见，独一无二。

第二，在移动设备上启动图标的尺寸一般为 48×48 像素，而在 Google Play 中的大小必须达到 512×512 像素。

第三，使用立体正面视角，使图标稍微有点从上往下的透视效果，使用户能看到一些景深。

---

[1] Bruce Lee，Android 的界面设计规范 - 3，http：//www. cnblogs. com/BruceLee521/archive/2013/03/08/2949366. html，2014. 10. 5。

第四，工具栏图标的样式要简约、形象、平面化，线条要流畅，笔触要厚重。

4.4.3 设计图标的几种思路

第一，从 APP 的 UI 中截取图标。根据这种思路设计的图标可以提高自身在视觉上的整体协调和识别性，用户一看到图标便可清楚其中的内容和功能。

第二，从功能中提炼图标。根据 APP 的功能特点设计一个类似指示牌的图形，以此向用户反射 APP 的功能特点是什么。根据这种思路设计的图标比较直观，可以同时起到解释说明和广告宣传的作用。

第三，从 APP 的标题中提取概念式图标。对于一些功能比较抽象的 APP，可以围绕着 APP 的标题或核心概念设计图标。根据这种思路设计的图标富有创意，个性鲜明，容易在众多 APP 中独树一帜。

第四，直接使用企业的 Logo 做图标。如果企业的商标已经被用户所熟知，那么在图标设计时就可以直接使用，这样既能直观地表现出应用的价值，又会发挥品牌效应，被用户快速认可。

4.5 结论

本章首先详细介绍了 UI 设计的理论基础——格式塔原理，并对其中常用的七种原理予以了举例说明；其次简要介绍了常用的三种 UI 设计风格，重点阐述了如何合理地使用色彩设计 UI；最后讨论了设计图标的原则和几种简单的思路。但无论何种设计风格或技术都是为内容服务的，从本质上来看，APP 存在的意义在于为用户提供更好的服务。与内容相比，所有的设计和包装，都只是一种表现手法，真正具有价值的 APP，一定还是靠内容取胜。

第5章

可伸缩的UI

5.1 与UI有关的术语

5.1.1 屏幕分辨率

1. 像素

所有屏幕的画面都是由一个个的小点组成，这些小点被称为像素（px）。一块方形的屏幕横向有多少个点，竖向有多少个点，相乘之后的数值就是这块屏幕的像素。为方便起见，通常用横向像素×竖向像素的方式来表示屏幕像素。例如，电脑屏幕中很常见的1024×768像素，以及手机屏幕中很常见的240×320像素。经常看到的4:3、16:9、16:10、21:9这些比值就是分辨率中横向像素与竖向像素的比值。4:3是最初使用的分辨率尺寸比，以前的电脑屏幕几乎都是4:3；随后宽屏显示器出现，16:10开始流行，比较常见的分辨率有1280×800像素；再后来随着HD电视的发展，16:9这个尺寸的分辨率也开始推广。[1]

2. 屏幕分辨率

屏幕分辨率是用来确定计算机屏幕上可以显示多少信息，用水平像素和垂直像素来衡量。分辨率160×128像素的意思是水平方向含有的像素数

---

[1] 百度百科，手机屏幕分辨率，2015.1.9。

为 160 个，垂直方向的像素数为 128 个。屏幕尺寸一样的情况下，分辨率越高，显示效果就越精细和细腻。❶

3. 常见的分辨率❷

VGA 是 IBM 计算机的一种显示标准。在规范里有 320×200/256 色、320×200/16 色、640×350/16 色、640×480/16 色等多种模式，甚至还有 80×25 和 40×25 等文字模式。因为官方支持的最高分辨率是 640×480 像素，所以 VGA 就成了 640×480 像素的代名词，成为绝大多数分辨率的基准。

QVGA 即 Quarter VGA，意思是 VGA 分辨率的 1/4，这是智能机流行前最为常见的手机屏幕分辨率，竖向的就是 240×320 像素，横向的就是 320×240 像素。绝大多数的手机都采用这种分辨率。

HVGA 即 Half-size VGA，意思是 VGA 分辨率的 1/2，为 480×320 像素，宽高比为 3∶2。这种分辨率的屏幕大多用于 PDA。

WVGA 是 Wide VGA，分辨率分为 854×480 像素和 800×480 像素两种。由于很多网页的宽度都是 800 像素，所以这种分辨率通常用于 PDA 或者高端智能手机，以方便用户浏览网页。

SVGA 是 Super VGA，就是常见的 800×600 像素。

XGA 是新一代显示设备分辨率的基准，是 1024×768 像素，它不再基于 VGA 的标准。随着显示设备行业的发展，SXGA+（1400×1050 像素）、UXGA（1600×1200 像素，常用于 20 英寸或 21 英寸显示器）、QXGA（2048×1536 像素）也逐渐浮出水面，QXGA 就已经是 XGA 的 4 倍，也是大多数显示设备支持的极限，当然也有更高的 QUXGA，但是这只是理论上的名字，现实世界中还没有采用这个分辨率的显示设备。17 英寸的彩色显示器大都是 SVGA、XGA 或者 SXGA+级别。

QCIF 是在 QVGA 分辨率流行之前，大多数手机采用的分辨率。QCIF 为 176×144 像素，也就是 Quarter CIF 的意思。CIF 是视频采集设备的标准采集分辨率，全称为 Common Intermediate Format，意为常用的标准化图像格式。后来大多数能拍摄 QCIF 格式视频的手机屏幕采用的都是 176×220

---

❶ 百度百科，屏幕分辨率，2015.1.9。

❷ 百度百科，手机屏幕分辨率，2015.1.9。

像素的分辨率。还有很多更老的分辨率支持，如 96 × 96 像素、128 × 128 像素，这些分辨率已经很难见到，大都是作为翻盖手机的外屏出现。

5.1.2 屏幕尺寸

屏幕尺寸分为物理尺寸和显示分辨率两个部分。物理尺寸的单位英寸（inch），指的是屏幕的实际大小，用屏幕对角线的长度来衡量。屏幕尺寸分为：small，normal，large 和 xlarge，分别表示小、中、大和超大屏。

屏幕大不一定代表清晰度就高。比如，一个 5 英寸的屏幕，分辨率为 800 × 600 像素，而一个 4.5 英寸屏幕，分辨率为 1280 × 800 像素，这代表了前者屏幕更大，而后者屏幕上的图像更清晰。

通常，尺寸较大的屏幕最好同时配备高分辨率。在某个尺寸下可以显示的像素越多，可以表现的余地就越大。比如，两台屏幕大小相差不多的显示器，如果一个只能显示两行汉字，另一个却可以显示五行汉字（假设字体、字号等均无差别），那么引起差异的因素就是屏幕分辨率。分辨率较大一些的屏幕，在字体相同情况下可以显示更多行的汉字。同理，分辨率越高，图片也可以越清晰，使线条更加圆润，更接近真实的景色。

5.1.3 屏幕密度

屏幕密度就是显示单元的密度，它用每英寸点数（dots per inch，dpi）来描述。有时，也用每英寸像素数（pixels per inch，ppi）来描述，ppi 数值越高，代表显示屏能够以越高的密度显示图像。以分辨率为 1920 × 1080 像素，大小为 5 英寸的屏幕为例，其屏幕密度为 441dpi，计算公式如下：

$\sqrt{1920^2+1080^2}/5 \approx 441\text{dpi}$。

手机屏幕上的每一帧画面，都是由屏幕所有的显示单元组成。比如，4 英寸的屏幕，分辨率有 400 × 800 像素和 1280 × 720 像素的，后者画面显示更加精细，也就是说在相同屏幕大小，分辨率越高，显示单元划分就越小，图像质量就越高。所以，同样尺寸的屏幕，如果分辨率不一样，UI 上面的按钮等组件就会显示出不尽相同的效果。也许这些组件会太小，以至于用户不容易触摸；也许这些组件之间的距离会比较近，以至于用户不容易准确区分……这些都会影响到用户的使用体验。

在 Android 中支持 4 种屏幕密度，如表 5 - 1 所示。

表 5 - 1　Android 屏幕密度名称及对应密度

名称	对应密度
低密度	120dpi
中密度	160dpi
高密度	240dpi
超高密度	320dpi

注：电视密度为 213dpi。

5.1.4　屏幕无关像素与刻度无关像素

在 APP 中，不建议使用像素（px）作为尺寸大小的单位，因为同样是 100 px 的图片，在不同手机上显示的实际大小可能不同。取而代之的是屏幕无关像素（dp）和刻度无关像素（sp）。

屏幕无关像素的单位是 dp 或 dip，指的是自适应屏幕密度的像素，在 APP 中用于指定控件宽高。假设有一部手机，屏幕的物理尺寸为 1.5 英寸 ×2 英寸，屏幕分辨率为 240 ×320 像素，则可以计算出在这部手机的屏幕上，每英寸包含的像素点的数量为 240/1.5 = 160 dpi（横向）或 320/2 = 160 dpi（纵向）。如前所述，Android 系统定义了 4 种屏幕密度：低（120dpi）、中（160dpi）、高（240dpi）和超高（320dpi），它们对应的 dp 与 px 之间的换算系数分别为 0.75、1、1.5 和 2，如表 5 - 2 所示。

表 5 - 2　dp 和 px 之间的换算关系

屏幕密度值	dp 和 px 的换算关系
120dpi	1dp = 0.75px
160dpi	1dp = 1px
240dpi	1dp = 1.5px
320dpi	1dp = 2px

注：对于电视密度（213dpi）来说，1dp = 1.33px。

这个系数乘以屏幕无关像素的数值就是像素数。例如，界面上有一个长度为“80 dp”的图片，那么它在 240 dpi 的手机上实际显示为 80 ×1.5 = 120 px，在 320 dpi 的手机上实际显示为 80 ×2 = 160 px。如果将这两部手机放在一起对比，会发现这个图片的物理尺寸与手机尺寸的比例“差不多”。

在 APP 中用于指定文字大小的单位是 sp，它表示刻度无关像素，指的是自适应字体的像素。Android 允许开发者自定义文字尺寸大小（小、正常、大、超大等），当文字尺寸是“正常”时，1sp = 1dp = 0.00625 英寸；当文字尺寸是“大”或“超大”时，1sp > 1dp = 0.00625 英寸。

资深的 APP 设计和开发人员的建议是，文字的尺寸一律用 sp 为单位，非文字的尺寸一律用 dp 单位，偶尔在屏幕上画一条细的分隔线时，可以使用 px 单位。

5.2 为资源配置限定符

在 Android 操作系统中允许在一个 APP 中添加多个可以替换的资源，在运行时，Android 会根据运行时所处的环境选取正确的资源，前提条件是：需要使用合适的限定符作为资源文件夹名称的扩展名。这样就可以为不同的设备提供合适密度的图形，为大屏幕设备提供正确的尺寸布局，根据设备语言自适应语言等。

Android 操作系统中的常用资源有颜色资源、字符串资源、布局资源、图片资源、菜单资源等。这些资源文件在项目中有特定的存放位置和格式，详细结构如表 5-3 所示。

表 5-3　Android 操作系统中常用资源的目录结构与存放位置

目录结构	资源格式
res/anim/	xml 动画文件
res/drawble/	位图文件或 XML 绘图文件
res/layout/	xml 布局文件
res/values/	arrays. xml：数组文件 colors. xml：颜色文件 dimens. xml：尺寸文件 styles. xml：样式文件 strings. xml：字符串文件
res/xml/	任意的 xml 文件
res/raw/	直接复制到设备中的原生文件
res/menu/	xml 菜单文件

5.2.1 与屏幕有关的限定符

由于 Android 支持的设备众多，为了使同一款 APP 能够适配更多设备屏幕，Android 采用了在资源文件夹后面添加限定符的办法，对由设备因素引起的不一致进行完美适配。通过不同的限定符可以区分不同设备的最佳适配资源。

Android 应用中最常用而且最重要的限定符就是与屏幕有关的限定符，主要有屏幕尺寸限定符、屏幕密度限定符以及横竖屏转换限定符等。

1. 屏幕尺寸限定符

前文已述，屏幕尺寸从广义上来看可以分为 4 种类型：small，normal，large 和 xlarge，它们是广义上的屏幕尺寸限定符。表 5－4 列出了广义的屏幕尺寸限定符与屏幕分辨率之间一般的匹配关系。

表 5－4　广义的屏幕尺寸限定符与屏幕分辨率之间的匹配关系

屏幕尺寸限定符	屏幕分辨率
small	426×320 像素
normal	470×320 像素
large	640×480 像素
xlarge	960×720 像素

不同的尺寸限定符可以为资源声明适合的屏幕尺寸是多少，在运行时由系统自动根据设备大小、按照“向下搜索”的规则进行选择。比如“large”对应的大约是 480×640 像素的屏幕，那么这样大小的设备的会先搜索限定符为“large”的资源文件（夹），如果没有会退而求其次地搜索限定符为“normal”的资源文件（夹）；如果还未搜到，则会找“small”限定符下的资源或默认资源文件（夹），但它不会搜索带“xlarge”限定符文件夹中的资源。

所以，如果一个文件夹限定符表示该文件夹内的资源尺寸大于当前运行时环境所需求的尺寸，Android 资源系统就不会从该文件夹中选取资源。如果合适的文件夹内没有提供相应的资源，那么在运行时会导致 APP

崩溃。

除了广义的屏幕尺寸限定符之外，为了适配更多屏幕尺寸，还可以在res目录下创建类似layout－640x360、layout－800x480的文件夹。所有的layout文件在编译之后都会写入R.java里，而系统会根据屏幕的大小自己选择合适的layout进行使用。有以下细节需要注意：较大的数字要写在前面，如layout－640x360；两个数字之间是小写字母x，而不是乘号。

自Android 3.2发布起，Android系统中添加了3个新的限定符用来支持更加细粒度的屏幕尺寸，它们各自的使用方法与代表含义如表5－5所示。

表5－5　细粒度屏幕尺寸限定符使用方法

细粒度屏幕限定符	示例	限定符意义
sw<N>dp	sw320dp	sw是smallest－width的缩写，这个限定符表示最小可用尺寸，即屏幕可用的宽度和高度中最短的那个，不考虑设备方向[1]
w<N>dp	w480dp	w是available－width的缩写，表示设备在当前方向上的最小可用宽度，如可以指定为横屏使用该文件夹，竖屏不使用
h<N>dp	h720dp	h是available－height的缩写，表示设备在当前方向上的最小可用高度，如可以指定为竖屏使用该文件夹，横屏不使用

例如，普通的7英寸平板的最小宽度是600dp，因此如果需要APP在这样大小的屏幕上使用，只要把限定符替换为sw600dp即可，效果与xlarge限定符一样。此时，只要设备的最小屏幕宽度大于等于600dp，Android系统就会选择使用layout－sw600dp/main.xml这个布局，而小于该尺寸的设备就用默认布局layout/main.xml。

2. 屏幕密度限定符（如mdpi，hdpi，xhdpi等）

为了适配更多屏幕密度，可以在res目录下创建携带屏幕密度限定符的多个资源文件夹，如drawable－hdpi、drawable－mdpi等，屏幕密度限定符如表5－6所示。

---

[1] 陈启超，Android资源限定符介绍，http：//qichaochen.github.io/2014/11/01/100－Android－Resource－Introduction/，2014.12.3。

表 5－6 屏幕密度值与对应限定符

屏幕密度限定符	屏幕密度名称	对应密度值
ldpi	低密度	120dpi
mdpi	中密度	160dpi
tvdpi	电视密度	213dpi
hdpi	高密度	240dpi
xhdpi	超高密度	320dpi
nodpi	非缩放图片	—

在 APP 使用资源的时候，Android 会优先选择适合设备限定的资源；如果没有，再找最接近条件的；如果还没有找到，再找默认（即不加限定）。例如，160 dpi 的设备在运行时系统会优先选择限定符为 mdpi 中的资源。

3. 横竖屏转换限定符（land，port）

为了确保 APP 可以在横屏和竖屏自动切换，还可以在 res 目录下建立类似 layout－port 和 layout－land 的目录，里面分别放置竖屏和横屏两种布局文件，这样在手机屏幕方向变化的时候系统会自动调用相应的布局文件，从而避免一种布局文件无法满足两种屏幕显示的要求。

5.2.2 语言限定符

好的 APP 往往需要多国语言的支持，为资源文件夹（如 values、drawable、layout 等）加上语言限定符即可使一款 APP 适配多种语言。常用的语言限定符如图表 5－7 所示。

表 5－7 常用的语言限定符

语言限定符	语言名称	使用国家
de	德语（German）	德国、瑞士、奥地利等
el	希腊语（Greek）	希腊等
en	英语（English）	英国、美国、加拿大、澳大利亚、爱尔兰、印度、新西兰等
es	西班牙语（Spanish）	西班牙等
fr	法语（French）	法国、瑞士、加拿大、比利时等
it	意大利语（Italian）	意大利、瑞士等

续表

语言限定符	语言名称	使用国家
ja	日语（Japanese）	日本等
nl	荷兰语（Dutch）	荷兰、比利时等
pt	葡萄牙语（Portuguese）	葡萄牙、巴西等
ru	俄语（Russian）	俄罗斯等
zh	中文（Chinese）	中国等

5.2.3 其他限定符

为了使资源更明确设备所支持的最低平台版本，还可以为资源文件夹添加平台限定符，如 v3、v13、v21 等。

在 API－8 以上的版本中，还可以为资源添加夜晚模式限定符“night”和白天模式限定符“nonight”。

当 APP 需要根据设备固定的位置而做一些适应的话，可以为资源添加固定模式限定符：car 和 desk。

5.2.4 组合限定符

Android 允许设计开发人员混合使用限定符，APP 中经常可以看到限定符组合的情况。比如一些布局不仅需要支持竖屏，同时还要适应密度为 hdpi 的屏幕，并且还需指定屏幕分辨率为 1024×600 像素，那么这个布局资源文件夹就需要将相关的限定符组合使用：layout－land－hdpi－1024×600。再比如，图形中有时候会包含文本，在这种情况下，图形资源有必要提供多种区域语言的版本，于是会有一些类似 drawable－en－hdpi、drawable－en－mdpi 以及 drawable－de－hdpi、drawable－de－mdpi 的文件夹存在。

5.3 可伸缩的图形

5.3.1 九宫格图（Nine－Patch）

在不同屏幕尺寸和密度的设备上最难适应的就是图形。几乎所有图形都无法在无损状态下实现可伸缩。在 Android 中可以使用一些技术创建复杂且可伸缩的图形。九宫格图可以说是这些技术中最常用的一种。

九宫格图即 .9. png 格式的图，它是标准的 png 格式，只是在最外面一圈额外增加了 1px 的边框，这个 1px 的边框就是用来定义图片中可扩展的和静态不变的区域。如图 5 – 1❶ 中，left 和 top 的交叉部分是可拉伸部分，未选中部分是静态区域部分。right 和 bottom 边框中交叉部分可选，是用来放置内容的部分，内容部分之外的部分即边距（注意：这些区域的位置都是相对的）。

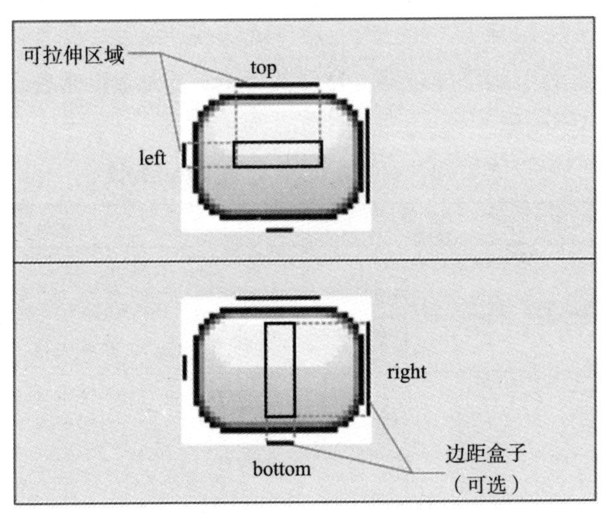

图 5 – 1　九宫格图

由于无论是 left 和 top，还是 right 和 bottom 都可以把图片分成 9 块，所以叫作九宫格图。

在绘制九宫格图时，可以设定任意数量的可伸缩段：它们的相对大小不变，所以最长的段总是保持最大。

设计者可以使用 Android SDK 中 tools 目录下的 draw9patch. bat 绘制九宫格图。绘制完成的图片必须以“.9. png”为扩展名保存，在使用时将它放在项目的 res/drawable/文件夹下即可。

❶ 图片来源：http：//blog. csdn. net/lizzy115/article/details/7950959，2014. 12. 3。

5.3.2 用 XML 定义的简单图形

在 APP 的设计开发过程中，也会遇到一些即使用九宫格图也无法伸缩的图形。Android 还支持使用 XML 文件定义的简单图形，如长方形、椭圆形、线条以及环形，同时可以在 XML 中为这些形状设置颜色、渐变等效果。这些 XML 文件也放置在项目资源目录下的 drawable 文件夹中。

定义这些绘制图形的方法是使用图形形状元素 shape，并用 android：shape 属性可以设置需要绘制的图形类型。在 shape 元素中还可以添加其他子元素来改变它的属性。例如，gradient 元素可以为形状添加渐变色，stroke 元素可以为形状添加边框。常用的 shape 子元素以及各子元素具有的属性如表 5 -8 所示。

表 5 -8 常用的 shape 的子元素及属性

元素名称	属性名称	属性值	说明
shape	android：shape	rectangle、oval、line、ring	shape 的形状，默认为矩形（rectangle），还可设置为椭圆形（oval）、线条（line）、环形（ring）
	android：innerRadius	尺寸	内环的半径（只有 android：shape 为 “ring” 时可用）
	android：innerRadiusRatio	浮点型	内环的半径，用环的宽度比率来表示（只有 android：shape 为 “ring” 时可用）
	android：thickness	尺寸	环的厚度（只有 android：shape 为 “ring” 时可用）
	android：thicknessRatio	浮点型	环的厚度，用环的宽度比率来表示（只有 android：shape 为 “ring” 时可用）
	android：useLevel	布尔型	如果作为 LevelListDrawable❶ 使用，则值为 true，否则为 false

❶ LevelListDrawable 指的是 “A resource that manages a number of alternate Drawables, each assigned a maximum numerical value”（Android API 官方文档，2014. 12. 4）。

续表

元素名称	属性名称	属性值	说明
gradient	android：startColor	颜色值	起始颜色
	android：endColor	颜色值	结束颜色
	android：centerColor	颜色值	渐变中间颜色，即开始颜色与结束颜色之间的颜色
	android：type	linear、radial、sweep	渐变类型，默认为线性渐变（linear），还可设置为放射性渐变（radial，以开始色为中心），扫描线式的渐变（sweep）
	android：gradientRadius	整型	渐变色半径，当 android：type = “radial”时才使用，如果单独使用 android：type = “radial”会报错
	android：angle	整型	渐变角度，当 angle = 0 时，渐变色是从左向右，逆时针方向转。当 angle = 90 时，渐变色是从下往上。angle 必须为 45 的整数倍
	android：centerX	整型	渐变中心 X 点坐标的相对位置
	android：centerY	整型	渐变中心 Y 点坐标的相对位置
padding	android：left	整型，单位为 dp，如“10dp”	左内边距
	android：top	整型，单位为 dp，如“10dp”	上内边距
	android：right	整型，单位为 dp，如“10dp”	右内边距
	android：bottom	整型，单位为 dp，如“10dp”	下内边距
size	android：width	整型，单位为 dp	
	android：height	整型，单位为 dp	
solid	android：color	颜色值	填充颜色

续表

元素名称	属性名称	属性值	说明
stroke	android：dashGap	整型，单位为 dp	描边为虚线时，虚线之间的间隔
	android：dashWidth	整型，单位为 dp	描边的样式是虚线时的宽度，值为 0 时，表示为实线。否则为虚线，宽度为指定值
	android：width	整型，单位为 dp	描边的宽度
	android：color	颜色值	描边的颜色
corners	android：radius	整型，单位为 dp	半径
	android：topLeftRadius	整型，单位为 dp	左上角半径
	android：topRightRadius	整型，单位为 dp	右上角半径
	android：bottomLeftRadius	整型，单位为 dp	左下角半径
	android：bottomRightRadius	整型，单位为 dp	右下角半径

Android 允许使用多个绘图对象组合在一个图层中的方式创建绘图对象，尤其是需要将位图与多个形状简单的图形或色彩组合在一起的时候。在使用时，对于分层的绘图对象而言，需要使用图层列表元素 layer – list，图层列表可以放置在 XML 绘图对象中，能像使用任何其他绘图对象一样使用它。在图层列表中，可以定义任意数量的子元素，这些元素或者指向另一个绘图对象，或者包含用 XML 定义的绘图对象。

不可否认，设计开发者们还可以用 XML 对已定义好的绘图对象使用 rotate 元素旋转，使用 scale 元素缩放。

单独使用这些图形可能对 APP 没太大的价值，但与其他组件组合使用可以制作出一些比较灵活的效果。除此之外，用一个图形代替一张位图可以节省很多内存，不仅如此，还可以使得 APP 变得很高效，最难能可贵的莫过于使这些图形具有较好的可伸缩性。

5.3.3 动态绘制图形

使用 XML 定义的图形形状如果还不能令人满意，那么可以用 Android 提供的动态绘制图形的方法用代码绘制所需形状。在代码中，可以改变所有的细节，不过这需要设计者清楚代码细节，以下是动态绘制图形的步骤。

1. 创建继承于 View 类或其子类的类

在绘制自定义图形前，首先需要找到与目标图形或目标功能最接近的类，并将它作为自定义图形的父类。这样就只需要实现自定义部分的内容，与父类相同之处直接使用即可。比如，要为 APP 自定义一个聊天中使用的文本显示框，就可以从继承 TextView 类开始，然后替换需要修改的功能。

2. 重写父类的 onDraw（Canvas c）方法

一般来讲，自定义的图形都需要重写这个方法，但是也得根据情况而定，偶尔也不会调用这个函数。在写这个方法时，需要注意代码的性能，因为在后期有可能会频繁调用它。在这个方法中要避免创建不需要的对象，取而代之的是将这些要用的对象保存到内存中。比如，在动态绘图时，必须要使用 Paint 对象，它定义了绘制对象的风格，如颜色、描边风格、透明度及其他样式。所以，在使用前最好在 onDraw 方法外创建该对象，以免由于多次频繁调用 onDraw 而产生大量的垃圾对象。

5.4 响应式设计

5.4.1 概述

2010 年 5 月，伊桑·马科特（Ethan Marcotte）在“A List Apart”上写了一篇开创性的文章（题为“Responsive Web Design”），他利用三种已有的工具：流动布局（fluid grids）、媒介查询（media queries）和弹性图片（scalable images）创建了一个在不同分辨率屏幕下都能漂亮地显示的网站。伊桑·马科特力劝设计师们要利用那些 Web 独有的特性去进行设计：“我们可以将不同联网设备上众多的体验，当作是同一网站体验的不同侧面来对待，而不要为每种设备进行单独剪裁而使得设计彼此断开，这才是我们前进的方向。虽然我们已经能够设计出最佳的视觉体验，但还要把基于标准的技术也嵌入到我们的设计中去，这样才能使得我们的设计不仅灵活，而且还能适应渲染它们的各种媒介。”伊桑·马科特证明了一种在多种设备上都能提供卓越体验的方法的存在，而且这一方法不会忽视不同设备的差异，也不会强调设计师的控制权，而是选择了顺其自然并拥抱 Web 的灵活性。❶

由此可见，响应式设计的概念来源于 Web 设计，这是由于 Web 一直缺乏严格的尺寸规范，而且网站不得不支持多种不同的分辨率。所谓响应式设计，就是 Web 页面能够根据访问者所持设备进行相应页面的显示，其核心理念在于"集中创建页面的图片排版大小，可以智能地根据用户行为以及使用的设备环境（系统平台、屏幕尺寸、屏幕定向等）进行相对应的布局"。❷ 在这种设计模式下，页面有能力去自动响应用户的设备环境。

如前所述，Android 支持的设备丰富多彩，设备的屏幕尺寸大小不一，为了适配大屏幕，需要设计开发人员改变他们的设计方法；简单地将手机的设计延伸到大屏幕（如平板电脑、Google TV 等）无法有效地利用大屏幕的空间，有可能还会造成比较差的用户体验。比如，由于屏幕较大，部分内容不能紧凑地排在一起，违反了格式塔设计原理而导致用户体验差等。

在屏幕空间足够大的设备上运行 APP 时，页面的内容可以全部显示，但是如果屏幕可用空间变得很小，部分页面内容可能会与屏幕无法正常匹配。这就需要将页面切割成一个个可伸缩的部分，并且每个可伸缩的部分都有一个显示良好且功能正常的最小尺寸，当所有的部分都达到它们的最小尺寸时，即对布局做出较大调整。所以在 Android 应用的响应式设计中不仅需要合理排版，智能地根据设备完成布局，而且还需要根据屏幕尺寸适当调整页面内容的位置，有时不仅是页面内容位置需要改动，页面内容中的元素有可能也需要调整和改动。

5.4.2 响应式设计的适用场景

响应式设计的概念从提出到现在，一直在不断地蔓延和扩散，并得到

---

❶ 设计达人，响应式设计的现状与趋势，http：//www. shejidaren. com/responsive – web – design – trends. html，2015. 1。

❷ 百度百科，响应式网页设计，2014. 12. 4。

了各方认可，主要原因在于：

第一，快速增长且日趋加剧的可联网设备的多样化，让现今已不再有标准的屏幕尺寸。

第二，严格定义的响应式设计 UI 凭借其特有的灵活性和可塑性，可以适应各种尺寸和配置的设备，可以无处不在，满足了各种用户的需求。

第三，响应式设计概念一经提出，所有设计及开发人员都希望能够采用这以一应万的模式，灵活地去适配更多设备，这对于移动设备大爆棚时代的人而言显得尤其重要。

但是并非所有的 APP 都一定要使用响应式设计的模式，响应式设计的适用场合有以下几种：

第一，想节约成本地去适应更多可能。任何资源都是有限的，利用有限的资源换得更大的价值是所有人的追求。现实中，到底是为每种可能都开发一款 APP？还是让同一个 APP 适应各种可能？也许众口不一，但是相比之下，后者的人力成本和时间成本显然会比前者减少一些；从维护的角度来说，也会轻松很多。所以，如果想要制作成本较低、适应良好的 APP 的话，一定要优先考虑使用响应式设计。

第二，对全新产品的前景尚不清楚。当设计开发全新产品时，往往无法准确预知用户更愿意在何种场景下使用，与其通过各种手段预测，或挑选核心设备分别设计，不如使用响应式设计方法将 APP 打造得更具弹性，使其在各种设备中都拥有尽可能优秀的用户体验。因为在各方面都未知的情况下，做预测会加剧过程风险，使得结果存在巨大的挑战性。

第三，希望 APP 可以兼容未来的新设备。随着硬件成本的下降，新的设备层出不穷，与其被动地进行更新维护，不如主动适应，使用响应式设计。

5.4.3 为 Android 应用设计响应式 UI

Web 设计的起点在于让网站页面在所有的计算机屏幕上都可以完美地运行，特别是要适应小屏幕。从这点上来看，Android 应用设计的起点不同于网站设计的起点，APP 的 UI 设计源起 Android 手机，需要适应的是逐渐

变大的平板或其他大屏幕。即使如此，响应式设计方法在 Android 平台上也可以很好地工作。❶

在制作具有响应式 UI 的 APP 时，设计和开发人员都应该清楚“不专为平板开发应用，但应该为平板电脑设计合适的 UI”。这个意识会提醒设计和开发人员不要为 APP 单独开发一个专门针对平板电脑的 APP 版本，而应该将 APP 制作成为一款带有不同界面配置的应用。在 Google Play 或其他 APP Store 当中，同一款应用应该可以自适应平板电脑和手机，在不同平台上运行的版本应该一致。

制作响应式 UI 的常见方法有以下几种：

1. 按列放置 UI

将多个小界面组合成为一个大界面，需要赋予待组合的界面一定的依赖关系。将各个 UI 按列放置可以轻松地制作响应式 UI，但它增加了将活动栈重新排列为一个平面层次结构的难度。这个方法的模型如图 5－2 所示。

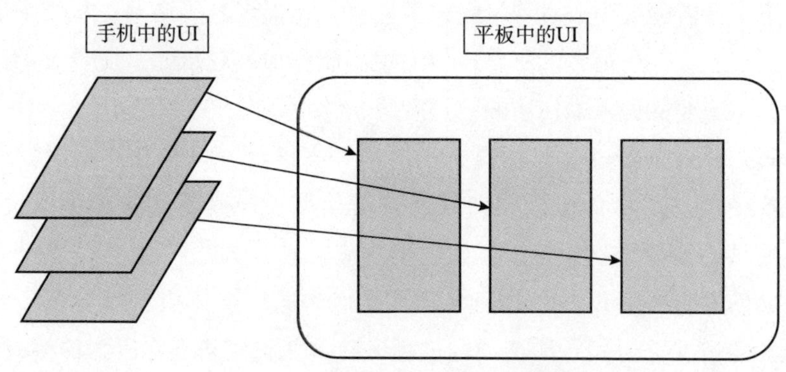

图 5－2　按列放置 UI 的模型示意图

2. 浮动的 UI

在许多 APP 中都有设置界面、帮助界面等工具界面，它们在 UI 的层级结构中通常没有固定的位置，而且可以在不同界面中直接导航、访问，这种类型的界面可以视为浮动的界面。

---

❶ Juhani Lehtimaki. 精彩绝伦的 Android UI 设计. 王东明，译 . 北京：机械工业出版社，2014：170.

这些 UI 不能沿用第一种方法简单地与其他 UI 按列放置，因为它们只要单独显示，与其他 UI 之间没有太强的依赖关系，按列放置的设计方法无法满足这个特点。

通过伸缩 UI 使之适应不同的屏幕尺寸是一个万不得已的备选方案，因为伸缩必然会导致 UI 的视觉效果降低，用户体验会受到较大影响。

在为这样的浮动式界面设计响应式 UI 时，可以考虑将这些 UI 旋转到其他界面的上面，真正使之“浮动”。这样还可以限制布局的宽度，从而使 UI 看起来效果很好，模块功能也不会受到影响。这个方法的模型如图 5 –3 所示。

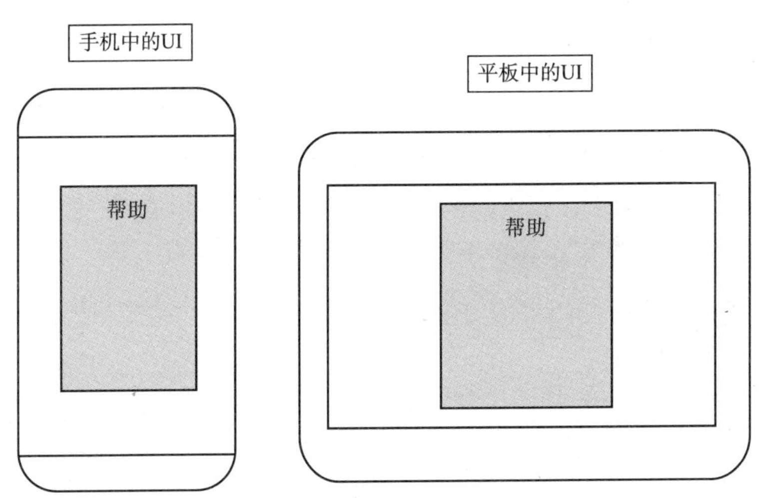

图 5 –3　浮动 UI 的模型示意图

3. 可选的 UI

在 APP 中也不乏存在这样的情况，所有的功能模块、需要信息都已经合理布局，并正常地显示在了屏幕中，但还是有一些留白。此时不妨考虑是否有别的内容（许多商家都用广告弥补留白的空隙）可以放置。又或者可以考虑在大屏幕的设备上需要额外增加、展示哪些信息，而这些内容在手机的屏幕上并不需要显示。承载这样可选的内容的界面被称为可选界面。运用可选界面设计响应式 UI 的模型如图 5 –4 所示。

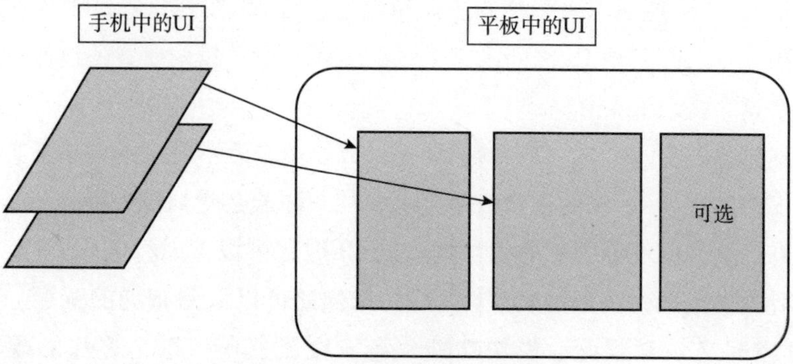

手机中的UI
平板中的UI
可选

图 5 –4　可选 UI 的模型示意图

4. 替换组件

在 UI 设计时，并非所有的组件在平板等大屏幕尺寸的设备上都显示得称心如意，有时候为了充分利用大屏幕的优势，增大实际可用空间，需要替换一些组件。比如，在手机中，为了扩大信息的展示空间，经常会使用列表组件，而列表在大屏幕上的视觉效果却总是差强人意，如图 5 – 5 所示。

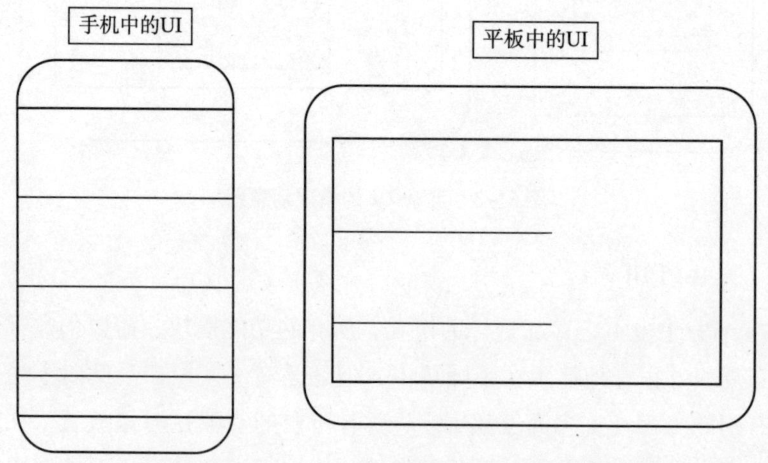

图 5 –5　列表视图在不同屏幕中的效果示意图

在这种情况下，因为网格视图中的组件呈水平排列，它可以很好地利用平板中的水平空间，所以可以考虑用网格视图代替列表视图等解决方案，效果如图 5 –6 所示。

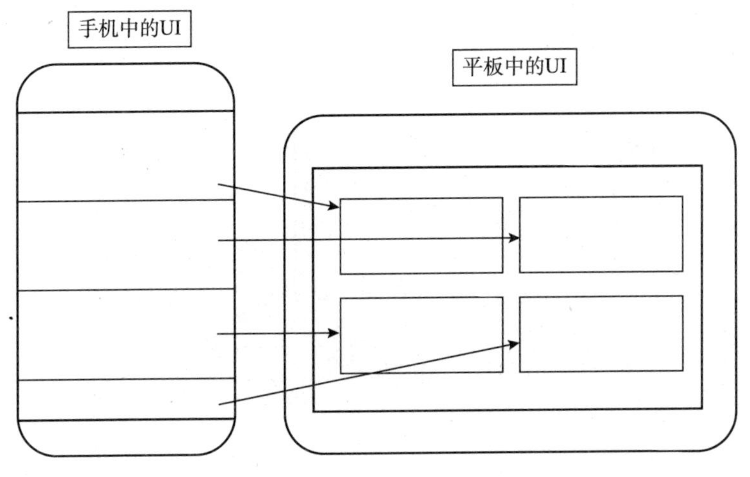

图 5 – 6　替换组件后的效果图

必要时，也可以将适合手机屏幕的 UI 布局重新调整，比如将原来垂直排列的 UI 布局调整为水平排列的 UI 布局。

5. 使用自适应组件

在 Android 中提供了部分组件，它们可以自动适应大屏幕尺寸。例如，操作栏、选项卡等在设计 UI 时灵活使用这些自适应组件，可以减少屏幕尺寸的适配难度。

5.4.4　一些响应式 UI 设计工具

1. Adobe Edge Inspect

如图 5 – 7[1] 所示，Adobe Edge Inspect（下载地址：https：//creative. adobe. com/products/inspect）对于移动开发者而言是一款十分有用的工具，其前身是 Adobe Shadow，可以帮助设计者和开发者同时在多个移动设备上预览应用设计，发现和解决跨平台问题[2]。

[1] 图片来源：https：//creative. adobe. com/products/inspect，2014. 3。

[2] 慧都控件网，10 个超棒的响应式 Web 设计工具，http：//www. evget. com/article/2013/9/5/19546. html，2014. 3。

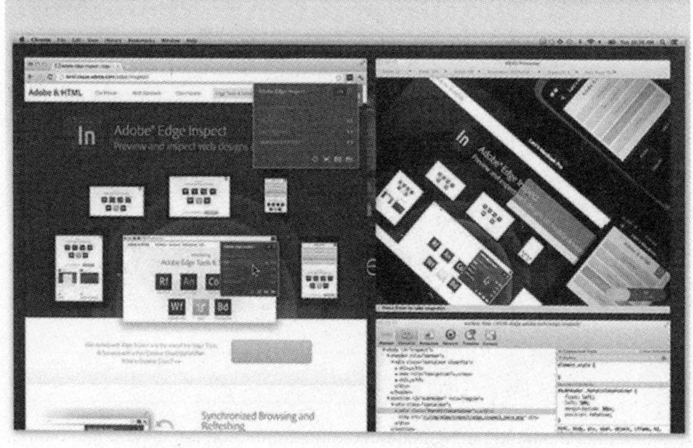

图 5－7 Adobe Edge Inspect

2. Retina Images

如图 5－8❶ 所示，Retina Images（下载地址：http：//retina－images. complex compulsions. com/）可以根据设备保存图像，设计人员只需要为每张图创建一个高分辨率的版本即可❷。

图 5－8 Retina Images

3. Intel XDK

由于市面上存在不同尺寸的移动设备，使得同一应用程序往往难以在多种尺寸的设备屏幕上都能完美呈现，开发者常常为了适配某一设备尺寸

❶ 图片来源：http：//retina－images. complex compulsions. com/，2014. 3。

❷ 慧都控件网，10 个超棒的响应式 Web 设计工具，http：//www. evget. com/article/2013/9/5/19546. html，2014. 3。

而大幅修改应用界面样式。XDK 的 App Designer 则帮助应用开发者很好地解决了这一麻烦，只需简单拖动几个锚点，就能轻松设定不同尺寸的设备分辨率，XDK 会使应用以最佳状态自适应不同的显示分辨率。❶ Intel XDK 的下载地址是 https：//software. intel. com/en－us/html5/tools。

5.5 结论

本章首先介绍了与 UI 设计有关的各种名词和术语，在此基础上详细阐述了常用的资源配置限定符的种类以及使用方法，主要包括与屏幕有关的限定符、语言限定符以及组合限定符等；其次，在 UI 设计中图形是一种经常会使用到的元素，本章针对如何制作可伸缩的图形从而适应可伸缩的 UI 做了详细说明；最后，针对近年来比较热的“响应式设计”的适用场景、方法和工具做了介绍，“响应式体现的是一种高度适应性的设计思维模式。在响应式设计探究的道路上，响应式本身不是唯一目的”，为 Android 的 APP 界面实现响应式设计的宗旨在于“基于任意设备对页面内容进行完美规划的设计策略及工作流程”。

❶ 英特尔开发人员专区，英特尔® XDK“视界”：App Designer 和响应式设计，https：//software. intel. com/zh－cn/articles/xdk－app－designer，2014. 5。

第6章

Material Design视觉设计语言

6.1 Material Design简介

2011年，Gmail邮箱的按钮变得更加扁平化。2012年，Google引入分层的卡片设计，开始使用更多的空白和精心设计的层次排版结构。经历了几年的迭代和提炼，Google寻找到了一种可以贯通的理论体系，即把系统内的各种设计都规范成一种变形的纸片，并套用现实中纸墨的物理模型进行交互，这就是2014年Google I/O大会隆重发布的Material Design。❶

什么是Material Design？译者不一。有人将其译为“本质设计”，表示它是一种考虑事物本质的设计，将电子屏幕里的UI元素看成是一种不存在于现实世界的新的材质，并赋予它物理特性。❷

有人将其译为“纸墨设计”，因为它的核心思想的原型来自于人们经常接触的纸张和书写在纸张上的墨水，二者构成了APP的UI效果，不同颜色的墨水可以构成不同色调的主题效果。❸

---

❶ 人人都是产品经理，Material Design复杂响应式设计，http：//www.woshipm.com/ucd/136556.html，2015.2。

❷ 梁辉，详细解析Material Design引领的设计趋势，http：//www.missyuan.net/school/theory_2014/theory_16008.html，2015.2。

❸ 云在千峰，Google新发布的Material Design（纸墨设计），http：//www.tuicool.com/articles/aM7jq2F，2015.2。

6.1.1 目标

Material Design 出现的目的在于“创造一种全新的视觉设计语言，不仅遵循优秀设计的经典原则，同时还囊括了新的理念和技术；创造独一无二的底层系统，以此为基础，统一不同平台、不同设备尺寸使用者的体验。它遵循基本的移动应用设计原则，支持触摸、语音、鼠标、键盘等输入方式”。

为了实现这些目标，Material Design 提出了平面像素的 Z 轴概念，通过对纸片在物理世界中形态的抽象和提炼，定义了各种信息层级和常用状态的表达方式。

众所周知，电子屏幕是完全平面化的，不像现实当中的物体是三维立体的。举个例子来说，一本书中纸与纸之间的空间关系非常清楚，但电子屏幕中的所有组件都被平铺在同一个平面上。显然电子屏幕没有空间感，即便如此，在 APP 中表达的信息内容之间的空间层级关系却不容忽视。

Material Design 的解决方式就是“强调 Z 轴，即页面之间的空间层级关系”。它把现实世界中纸张的特性挪到电子屏幕中，把信息内容呈现在这个虚拟的纸上，虚拟的“纸”就是真实的“信息内容”，这些“纸”之间有上下层级关系，这种关系可以用投影模拟。Material Design 的投影并不是过去常用的使用图片或者样式代码实现的“临时”投影，而是系统根据纸张层级所在位置“实时”渲染的投影，如图 6－1[1] 所示。

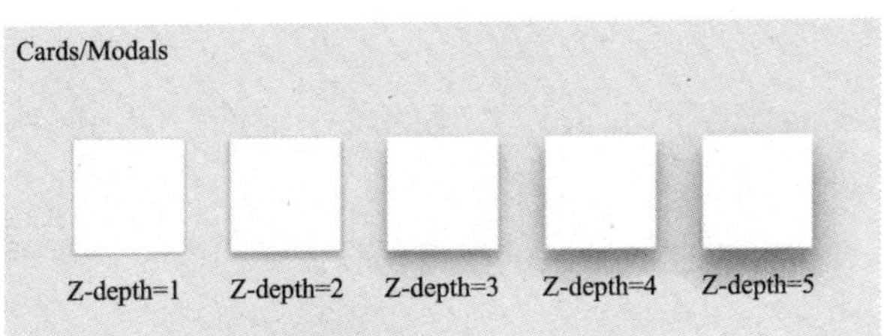

图 6－1　纸张层级与投影的关系

---

[1] 图片来源：http：//www. 3lian. com/edu/2014/08－14/160961. html，2015. 2。

实际上Google几年前推行的Card设计也是模拟纸张物理形态的一种设计方式，Material Design则把它提升到了系统信息架构层面的高度。

在没有Z轴时，打开一个新的页面，用户只能看到生硬地跳转，在Z轴出现后，新的页面不仅仅是简单地被跳转，而且页面的空间层级关系被清楚地呈现在用户面前。比如，转场动画可以清晰地说明“页面从哪里来，到哪里去，在整个APP或者系统里的空间位置是什么”，让用户对这些隐性信息一览无余。另外，不仅仅是页面层级的动画过渡，对象操作也伴随着动画过渡，从动画里能感受到操作的过程变化。例如，删除时，垃圾桶图标会有一个倾倒的动画，或者通过指示条的旋转告诉你删除的过程。而且，过渡动画赋予了界面控件一种物理特性，在空间被拉伸、回弹时模仿了橡皮筋的物理特性。

新的动画API可以让你轻松实现“使用触摸反馈动画响应视图的触摸事件（touch feedback animations）；使用揭露效果动画显示或隐藏视图；使用Activity转换动画切换Activity；创建更加自然的曲线运动动画；一个或多个视图属性变化动画（state change animations）；视图状态变化动画（state list drawables）等”。其中，触摸反馈动画内置在Android的标准控件内，它可以协助开发者自定义动画，并且让动画加入到自定义的视图中。[1]

6.1.2 设计原则[2]

以下是Material Design的主要设计原则。

1. 材料是个隐喻

材料隐喻是合理空间和动作系统的统一理论。Google所提的“材料（Material）”基于触觉现实，其灵感来自于对于纸张和墨水的研究，不可否认，其中也加入了想象和魔法的因素，其原型如图6－2[3]所示。

---

[1] xyz_ lmn，Material Design，http：//www. bkjia. com/Androidjc/819530. html，2015. 2。

[2] 人人都是产品经理，Material Design：Google的九大设计原则 http：//www. woshipm. com/ucd/92121. html，2015. 2。

[3] 图片来源：http：//www. woshipm. com/ucd/92121. html，2015. 2。

图6－2 材料是个隐喻

2. 表面要直观和自然

物体的表面和边缘为现实经验提供了视觉线索。在APP中为各种元素赋予用户熟悉的触觉属性，可以直观地让用户感受到其使用情景，如图6－3❶所示。

图6－3 表面要直观和自然

❶ 图片来源：http：//www.woshipm.com/ucd/92121.html，2015.2。

3. 适应性设计

Material Design 的底层设计系统包括了交互和空间两部分，表现在“每一个设备都能反映出同一底层系统的不同侧面，每一设备的界面都会按照大小和交互进行调整，只有颜色、图标、层次结构和空间关系保持不变”，如图 6－4[1] 所示。

图 6－4　适应性设计

4. 颜色、表现和图标都强调动作效果

用户行为就是体验设计的本质。基本动作效果是转折点，颜色、表现和图标都强调动作效果，它们可以改变设计，可以让核心功能变得更加明显，更为用户指明了“路标”。

5. 用户发起变化

操作界面中的变化来自于用户行为。用户触摸操作产生的效果要反映和强化用户的作用，效果如图 6－5 所示。

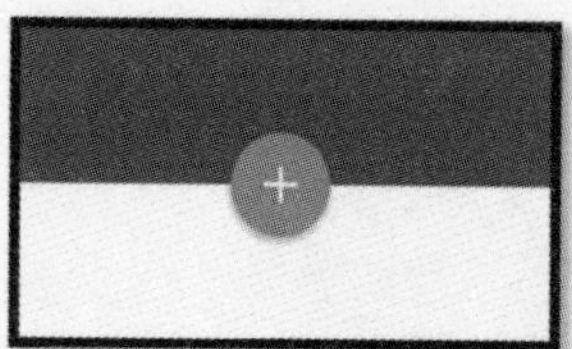

图 6－5　用户发起变化

6. 动画效果在统一的环境下显示

所有动画效果都在统一的环境下显示。即使发生了变形或是重组，对

[1] 图片来源：http：//pad. zol. com. cn/468/4683763. html，2015. 2。

对象的呈现也不能破坏用户体验的连续性。

7. 动作提供了意义

动作是有意义的，而且是恰当的，动作有助于集中注意力和保持连续性。反馈是非常微妙和清晰的，而转换不仅要有效率，也要保持一致性。

6.2 Material Design 的细节

6.2.1 用动画建立有意义的关联

Material Design 大量强调设计中的动效和动画，其重要原因在于它可以让用户清楚地看到自己的操作如何对界面产生影响。从图 6－6[1] 所示的例子可以看到，上方覆盖的层有淡入淡出效果。

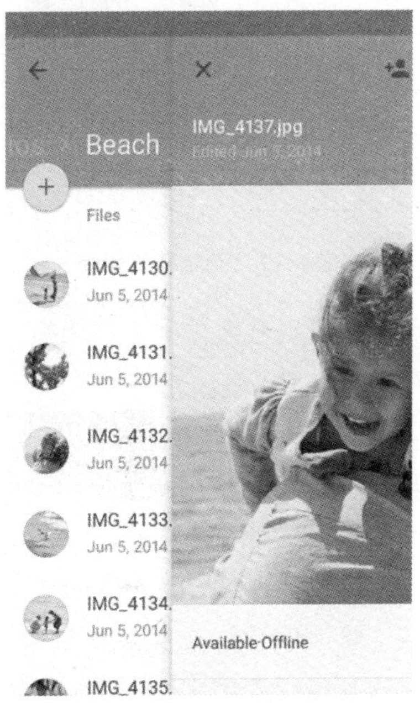

图 6－6　带转场动画的切换

[1] 图片来源：http：//designmodo. com/wp－content/uploads/2014/09/a. webm? _ =1，2015. 2。

出于两个目的：清晰与愉悦。首先，它建立了一种视觉层级，用户认为它在界面的上方。尽管这是技术上实现并非真实的效果（因为界面并不分层），但它使用户以一种更简单的方法理解了界面。

将它与图 6－7❶ 所示的无过渡、界面突然出现的效果相比，图 6－7 所示的切换没有建立任何视觉上的认知，显得很突兀——这就是使用转场动画的第二个原因。新的界面突然出现，用户的操作和界面的视觉变化有何关联，无转场的切换没有给出任何解释。

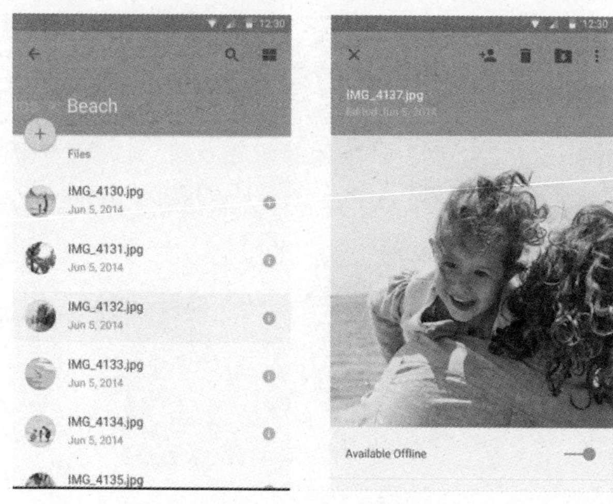

图 6－7　无转场的切换

由上可知，转场动画的出现避免了生硬的切换。这符合格式塔原理中"视觉的连贯性"原则。

交互动画在一些 APP 里已经大行其道，今后，交互动画将成为标配。随之而来，更多设计师把目标转移到 icon 上来。icon 主要分为入口功能和操作功能，操作功能的 icon 在完成点击操作之后，通常会转为对应的另外一种形态。如"返回"与"菜单"，"选择"与"未选择"，"收藏"与"已收藏"，"点赞"与"取消点赞"之间的状态切换。现有设计中，icon 在两种状态之间的切换通常显得生硬，icon 动画将使得点击之后的反馈更

❶ 图片来源：http：//designmodo. com/wp－content/uploads/2014/09/b. webm？_ =2。

加强烈，并且让界面活起来、更加有动感，如图 6-8[1] 所示。[2]

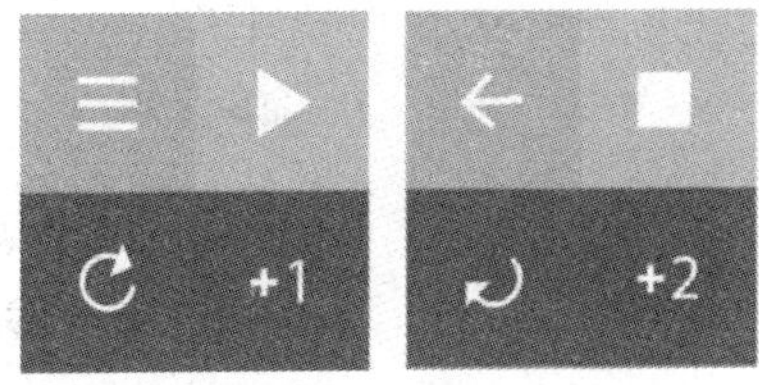

图 6-8　动感的 icon 动画

6.2.2　用明艳的色彩指引视觉

Material Design 设计语言让人眼前一亮的除了丰富的交互动画外，还有大面积使用的鲜艳色块。多数人对 Material Design 的第一印象，也是它大胆明亮的配色方案。据官方文档介绍其灵感是来自于宁静场合中强调色的各种标识，如建筑、道路标识、地面标线以及体育场地等。它强调明显的阴影及聚光，使用意想不到的鲜艳色彩。之所以这样，是因为：大胆的用色可以给 Google 的界面赋予个性化。

虽然 Google 提供了广阔的颜色选择范围，它也提供了如何使用的指南。Google 开篇显而易见地陈述了："限制你的颜色选择，有需要时使用多种深浅变化，并且明智地使用辅助色。"[3]

相比之下，过去的 Android 充满了"冰冷和科技"，让人有一种距离感。而新的设计采用了与过去相反的做法，在系统里大面积使用色块，用色块来突出主要内容和标题，让界面的主次感更加突出，也让原本灰黑色为主的界面拥有了时尚和活力。色块的颜色选择多使用饱和度高、明度适中的颜色，整体拥有比较强烈的视觉冲击，但并不会太刺眼。操作栏也同样从过去的灰黑颜色改为彩色，并且让状态栏与之融为一体。

Material Design 鼓励在界面中大面积、大胆地运用色彩。界面中不同的

---

[1] 图片来源：http：//www.3lian.com/edu/2014/08-14/160961.html，2015.2。

[2] 设计达人，详细解析 Material Design 引领的设计趋势，http：//www.missyuan.net/school/theory_2014/theory_16008.html，2015.1。

[3] 人人都是产品经理，Material Design 设计文档的 4 条训示，http：//www.woshipm.com/ucd/104581.html，2015.2。

元素应用不同的配色承担。工具栏和更大的色块会使用主色，这是 APP 的主要颜色。状态栏则使用更深色调的主色。

换言之，在 Material Design 中，UI 配色提倡一种主色、一种互补色，具体地说，区域较大部分的色彩采用主色的 500 色调，区域较小的部分如状态栏采用深一点的色调，如 700。互补色经过巧妙运用，可以吸引用户对关键元素的注意。温和的主色搭配以稍微明亮的互补色，让应用看起来大胆、充满色彩感，凸显内容。[1]

6.2.3 形式多样的按钮

1. 任性的小圆钮——FAB

FAB（Floating Action Button）按钮的功能并不局限于“新建”“播放”“收藏”“更多”这些功能。通过圆形元素与分割线、卡片、各种功能栏的直线形成鲜明对比，并使用色彩设定中鲜艳的辅色，可带来更具突破性的视觉效果，因此会让这个按钮在界面里显得非常耀眼。其主要特性有：支持常规 56 dp 和最小 40 dp 的按钮；支持自定义正常、Press 状态以及可拖拽图标的按钮背景颜色；AddFloatingActionButton 类能够让开发者非常方便地直接在代码中写入加号图标；FloatingActionsMenu 类支持展开/折叠显示动作。[2]

从这样的设计来看，这个按钮所背负的任务将会是整个界面的主要操作，如图 6－9[3] 所示。虽然有点类似与 Path[4] 里的“＋”按钮，但由于 iOS 系统本身并没有这样的设计，这将会成为最区别于 iOS 的一种交互设计，对交互设计师和产品经理来说都可能会成为一种挑战。

---

❶ 人人都是产品经理，谷歌设计师的 Material Design 实践心得，http：//www. woshipm. com/pd/98160. html，2015. 2。

❷ CSDN，十大 Material Design 开源项目，http：//www. csdn. net/article/2014－11－21/2822753－material－design－libs/2，2015. 2。

❸ 图片来源：http：//www. missyuan. net/school/theory_ 2014/theory_ 16008. html，http：//www. bkjia. com/Androidjc/819530. html，2015. 2。

❹ Path 是由 Facebook 前高管 Dave Morin 创建的一款社交应用。

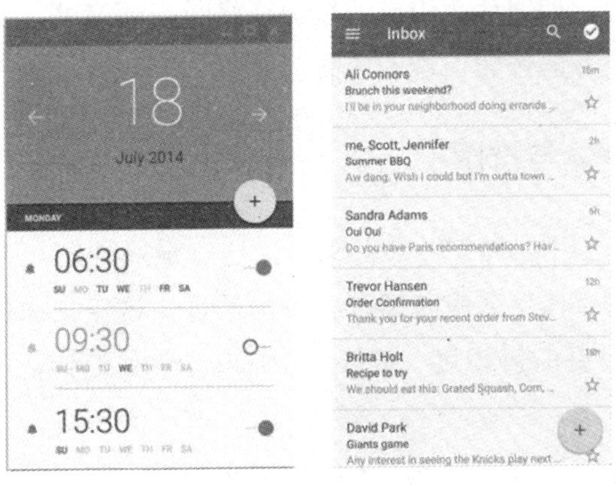

图 6－9　FAB 效果图

2. 无边框按钮

如果将按钮简化到只有箭头和文案，就会去掉原本的按钮质感。Material Design 的操作栏也同样采用了这样的设计，直接用 icon 来表达按钮功能。尤其是 Material 的键盘设计风格，它把键盘的按钮边框全部去掉，只保留了英文字母的按钮，如图 6－10[1] 所示。

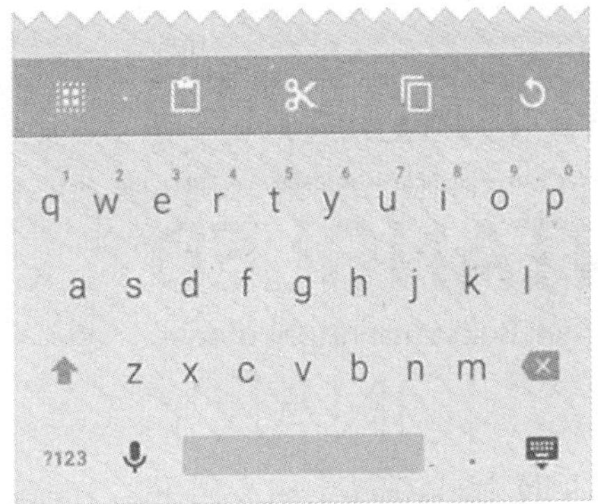

图 6－10　无边框的键盘

也许这样的设计不一定是最好的，因为这样的设计可能会让用户对点击的精准度无法更快地判断，缺乏安全感，但是在屏幕不大的手机上，去掉边框的拥挤感会给字母更大的空间。此外，无边框按钮的设计也体现在

[1] 图片来源：http：//www. 3lian. com/edu/2014/08－14/160961. html，2015. 2。

提示框的按钮上。如何让无边框的按钮区别于内容文字，设计者除了考虑配色外，还需要考虑按钮出现的场景。

6.2.4 字体与排版

“与背景颜色相同的文字难以阅读，这点很好理解。不太明显的一点是，反差太大的字体使人眼花缭乱，不易阅读。这点在深色背景上尤为显著。”❶ 要获得良好的辨识度，Material Design 建议文本应当满足一个最低的对比度。

为了尽可能给用户带来最佳体验，Roboto 字体甚至也被重新定义了，来跨平台提升它的易读性，其宽度和圆度都进行了轻微提高，提升了清晰度，如图 6－11❷ 所示。

Quantum Mechanics REGULAR
6.626069×10⁻³⁴
One hundred percent cotton bond BOLD ITALIC
Quasiparticles
It became the non-relativistic limit of quantum field theory CONDENSED
PAPERCRAFT LIGHT ITALIC
Probabilistic wave - particle wavefunction orbital path MEDIUM ITALIC
ENTANGLED BLACK
Cardstock 80lb ultra-bright orange MEDIUM
STATIONARY
POSITION, MOMENTUM & SPIN CONDENSED LIGHT

图 6－11 Robot 字体

❶ 人人都是产品经理，Material Design 设计文档的 4 条训示，http://www.woshipm.com/ucd/104581.html，2015.2。

❷ 图片来源：http://www.xueui.cn/experience/app－experience/material－design－style－typography.html，2015.2。

此外，一段文字呈现的方式至关重要，因为缺口和隔断使得阅读更困难，去除这些隔断文字，对提升用户体验大有帮助。如图 6－12❶ 所示的文字中，较短的单词被悬挂（图中的标注为 1），存在大量缺口（图中的标注为 2、3、5），一个单词占据一行（图中的标注为 4）。同一个单词被显示在两行（图中的标注为 6）。

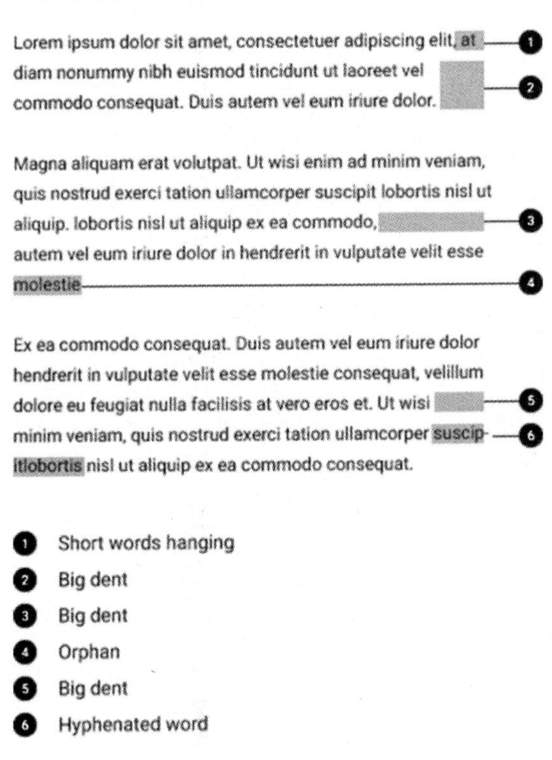

图 6－12　文字的呈现方式容易存在的问题

要获得良好的阅读效果，要保证每行应当包含 60 个字符左右，因为每行所包含的字符数量是决定阅读舒适度的关键因素。根据 Material 的建议，可将上述文字段落的排版和呈现方式做一定修改，效果如图 6－13❷所示。

---

❶ 图片来源：http：//www. xueui. cn/experience/app－experience/material－design－style－typography. html，2015. 1。

❷ 图片来源：http：//www. xueui. cn/experience/app－experience/material－design－style－typography. html，2015. 1。

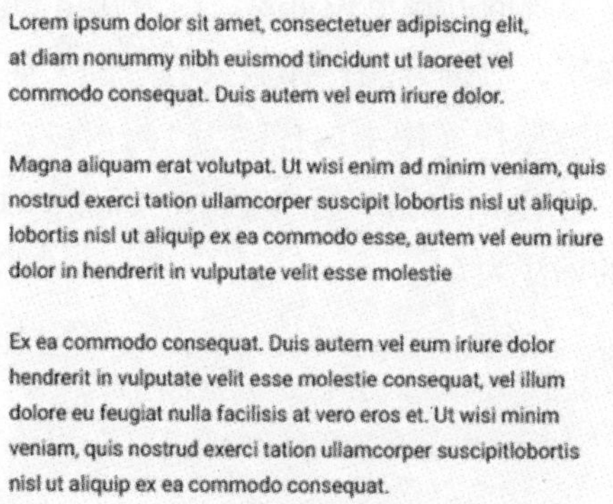

Lorem ipsum dolor sit amet, consectetuer adipiscing elit, at diam nonummy nibh euismod tincidunt ut laoreet vel commodo consequat. Duis autem vel eum iriure dolor.

Magna aliquam erat volutpat. Ut wisi enim ad minim veniam, quis nostrud exerci tation ullamcorper suscipit lobortis nisl ut aliquip. lobortis nisl ut aliquip ex ea commodo esse, autem vel eum iriure dolor in hendrerit in vulputate velit esse molestie

Ex ea commodo consequat. Duis autem vel eum iriure dolor hendrerit in vulputate velit esse molestie consequat, vel illum dolore eu feugiat nulla facilisis at vero eros et. Ut wisi minim veniam, quis nostrud exerci tation ullamcorper suscipitlobortis nisl ut aliquip ex ea commodo consequat.

图 6－13 修改后的文字呈现方式

6.3 结论

本章主要介绍了 Material Design 这一新型的视觉设计语言，给出了详细的设计细节和原则。Material Design 是美丽和大胆的，因为干净的排版和简单的布局且容易理解。设计者需要在弄清自身的产品定位后才可以进行细化的设计工作；在深入了解产品逻辑的基础上，确定一套合适的响应办法和页面细节，才能保证设计的优美展现并带来不错的设计效果。Material Design充满了浓郁的 Google 风情，能够给用户提供新鲜的视觉体验。

附　录

附录 A　常见的 Android 用户体验设计准则

1. 令用户着迷的准则

1）出其不意地让用户满意

漂亮的界面、精心设置的动画与及时的音效是一种愉悦的体验。微妙的效果使用户感觉轻松及拥有掌控感。

2）真实对象比按钮和菜单更有趣

允许用户直接触碰及操纵应用中的对象。这样可以减少用户完成任务时的认知难度，从而提高满意度。

3）展现自我

用户越来越喜欢个性化，因为这样可以使他们感到自在以及拥有掌控感。提供合理、漂亮的默认样式，同时考虑到有趣的自定义功能，但不要妨碍应用完成主要的任务。

4）了解用户的喜好

逐渐了解用户的喜好，而不是询问用户，一次又一次地让他们做出相同的选择，将之前的选择放在明显的地方。

2. 简化生活的准则

1）保持简洁

使用简单的短语，人们普遍会忽略长句。

2）图片比文字效果更好

解释想法时尽量考虑使用图片。图片容易吸引用户的注意力且比文字更容易理解。

3）为用户提供决策，由用户来拍板决定

询问用户之前先猜测并提供出决策方案。太多的选择和决定让人不爽，所以方案要有效、有限。万一失误，还要允许“撤销”。

4）只显示用户所需要的

人们在同时看到太多内容时会有压力。分解任务及信息，使其更容易理解。隐藏当前非必需的选项，并给予指导。

5）让用户知道当前的位置

让用户能确定自己当前所在的位置。将应用放置在明显的位置并使用切换效果来表达各页面之间的关系。对当前正在进行的任务给予反馈。

6）用户的东西永远不会丢失

保存用户费时创建的东西，使得用户可以随时随地存取。记住用户的设置、个人风格及创建的东西，在手机、平板、电脑之间同步。这使得升级变得再容易不过。

7）如果看起来一样，行为也应该一样

通过明显的视觉差异来帮助用户认识到在功能上的不同。摒弃模式，不要让看起来相似的页面在输入相同的内容后却得到不同的结果。

8）仅在重要的时刻才打断

正如一个好的个人助理，帮人省去一些不重要的细枝末节。人们希望能专心做事，除非是重要的和紧急的事情，否则被打断容易让人厌恶。

3. 让用户惊叹不已的准则

1）告诉用户通用的技巧

人们往往在自己搞明白事情的时候自我感觉良好。借助其他应用的视觉模式及肌肉记忆可以使得你的应用变得更易上手。

2）用户没错

无论使用哪款应用，用户都希望觉得自己很聪明。如果出现了错误，给出明确的修正指导，但是应省去技术细节。要是你能在后台直接修复那就最好不过。在提示用户如何改正时应语气温和。

3）尽量多给予鼓励

将复杂的任务分解为简单的步骤。对用户的操作给予反馈，哪怕只是个微小的光晕。

4）替用户完成繁琐的事情

帮新手完成他们认为自己无法完成的事情，让他们感觉自己是个专家。

5）重要的事情优先

并非所有的操作的重要性是一致的。确定好你的应用中什么是最重要的，使得用户能很容易地找到并快速使用，就像相机中的快门键、音乐播放器中的暂停键。

附录B　Android 应用设计规范

1. 尺寸以及分辨率

Android 的界面尺寸比较流行的有：480×800 像素、720×1280 像素、1080×1920 像素，在做设计图的时候建议以 480×800 像素的尺寸为标准。

2. 界面基本组成元素

界面基本组成元素包括：状态栏＋导航栏＋主菜单栏＋内容区域。

3. 字体

Android 系统中，Droid Sans 是默认字体，与微软雅黑很像。

4. 操作栏

“操作栏”对于 Android 应用来说是最重要的设计元素，它通常在应用运行的所有时间都待在屏幕顶部；操作栏的基本布局如图 B－1 所示：

图 B－1　操作栏的布局

图 B－1 中 1 表示向上，点击后则是回到当前界面的上一个层级，非第一层级界面才可有此按钮，第一层级界面则无向上按钮。2 表示用 Spinner 视图控制，用于展示内容的下拉菜单，内容包括视图的快速切换和显示相关内容的完整信息。3 是重要操作按钮。4 表示更多操作（action overflow）是集合操作栏中不常用的和非重要操作的地方。

5. 多面板布局

多面板布局更多的是针对平板电脑，把手机端的目录视图和详情视图两个层级的界面，甚至更多的页面，复合展示在同一个界面中，有效地利用平板电脑的屏幕空间，扁平化层级结构，简化导航。这点在 iPad 上已经运用得相当娴熟了。

6. 触摸与反馈

用户触摸应用中的可操作区域，应当在视觉上有响应，微小的反馈会给用户带来很好的效果。

7. 进度条

如果某个操作需要花费很长的时间，就需要用进度条的指示和旋转圈的形式来表示；如果可以知道当前任务完成的比例，那么使用进度条，让用户了解大约还需要多久才能完成；当使用旋转圆圈时，不要配以文字标签。旋转的圆圈已经表明了正在进行后台操作。

8. 开关

用户通过开关做出选择，包括 3 种形式：复选框、单选按钮和开关。复选框可以让用户在一个集合中做出多个选择；单选按钮允许用户在一个集合中做一次选择；开关可以用来控制某个选项的状态。

9. 对话框

应用通过对话框让用户做出决定或者填写一些信息。警告对话框用于对执行下一步操作前请求用户确认或者提示用户当前的状态，内容不同，布局也会不同。

在没有标题栏的警告对话框中，内容区应当包括一个问句或与操作有明显相关的陈述句。

在有标题栏的警告对话框中，仅在有可能引起数据丢失、连接断开、收费等高风险的操作时才使用。并且标题应当是一个明确的问题，内容区提供一些解释。

10. 选择器

选择器提供了一种简单的方式，让用户在多个值中选择一个，效果如图 B－2 所示。除了可以通过点击向上/向下按钮调整值以外，也可以通过键盘或者手势。

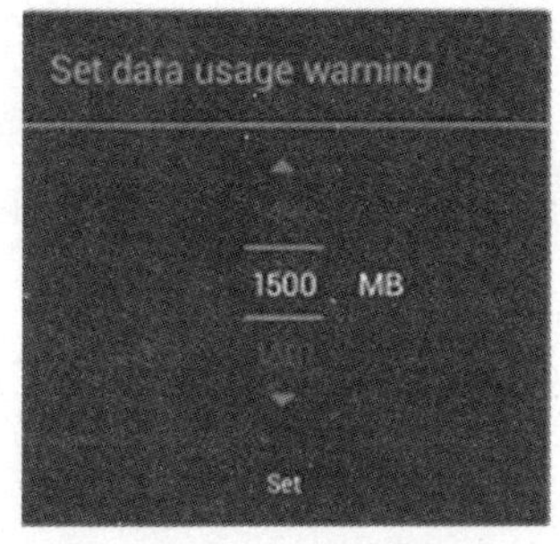

图 B－2　选择器

11. 通知

可通过扩展布局显示信息的前几行或者图片的预览，来让用户了解更多的信息。

将重要的操作按钮图标在通知栏目展现出来，这样可以加快用户的操作速度。如果正在等待处理的通知是同等类型，则可以合并通知，合并的通知提供了综合信息的描述，需要告诉用户有多少条未处理的信息。还可以使用扩展布局为合并的通知提供更多信息，这样用户可以知道被合并的信息细节，并选择在应用中阅读通知内容。

12. 文字

一定要尽可能简短，只告知用户最必要的信息，避免冗余的描述，尽可能缩短文本长度。使用短词语、主动词和简单名词，仅说明必要的信息，不做过多解释。使用第二人称和用户对话（您或你），保持随意、轻松的沟通。

如果 toast、标签或通知消息等控件中只包含一句话，无需使用句号作为结尾。如果包含两句或更多，则每一句都需以句号结尾。

省略号常用于未完成的状态，如表示操作进行中（“下载中……”）或是表示文本未能完全显示。

附录 C　Android UI 设计的 10 个建议

1. 首次开启体验

优秀的手机应用有诸多相似之处，如都能够迅速吸引用户或访问者。

如果没有做到这点，用户很可能会转而寻找其他替代品。多数用户不愿意浪费时间来弄清楚要如何运行应用或阅读复杂的教程，他们会选择放弃该应用。

首次开启应用时，每个人的脑中都会浮现出相同的 3 个问题：我在哪里？我现在能够做什么？我接下来能够做什么？

努力使应用立即对这些问题做出回答。如果你能够在前几秒的时间里告诉用户这是款适合他们的产品，那么他们势必会进行更深层次的发掘。

2. 便捷的输入方式

想想看设计和开发人员是如何使用手机设备的：手机安静地躺在平坦的桌面上，连接到配有大型键盘的 PC 上，或许还完全打开背光功能……

再想想真正的使用者如何使用他们的智能手机：走在熙熙攘攘的大街上，一手拿着杯咖啡，另一手拿着手机，努力弄清楚他们最喜欢的球队的表现情况。

在多数时间里，人们只使用 1 个拇指来执行应用的导航。不要执拗于多点触摸以及类似的复杂输入方法，要多考虑滚动和触摸方式。让人们可以迅速地完成屏幕和信息间的切换和导航。让他们可以快速获得所需的信息，珍惜用户每次的输入操作。

3. 对比度

开发应用的环境或许是有着大型屏幕且光照适当的房间，但用户使用应用的环境可能并非如此。尽管我们不愿意，但是我们确实常需要在阳光强烈的环境下使用手机设备。这种情况会对我们观看屏幕产生很大的影响，界面设计时应当考虑到这点。在上述不佳的条件下，可能会导致细节丢失，颜色分辨不清，某些元素因阳光反射而完全消失。

这并不意味着你只能将界面设计成黑白样式，抛弃 UI 设计中所有漂亮的细节。这仅仅意味着，重要元素应当有足够的对比度，使之在此类条件下能被轻易识别。如果你想要给代码元素上色，那么要添加简单的文字标签之类的选项。如果你想用小细节和信息来改善应用外观，这也是可以的，只是要确保你的 UI 没有这些元素时依然能够运转。

为界面设置清晰的等级，大而明亮地呈现最有价值的功能，将任何不重要的内容完全移除。

4. 不要让用户等待

没有人喜欢等待，在移动领域中尤其如此。我们将设备带上火车，在汽车上快速回复邮件，或者在走出屋子的时候查看天气预报。我们利用时间间隙来做这些小事情，来换取更多时间做真正喜欢做的事。不要让人们等待你的应用做某件事情。提升应用表现，改变 UI，让用户所需结果的呈现变得更快。

当然，所有人都能够理解，有些任务需要花一定时间来执行，或者应用需要从网络上下载某些容量较大的数据包。但是不要让用户毫无意义地等待。要让他们感觉到任务正在执行中。为按键添加“选择”或“按动”的状态，加载时间较短时可以添加旋转符号，加载时间较长时可以使用进度条。但是，绝不要让用户面对空无一物的屏幕。

等待总是令人苦恼的。至少要让用户知道他们还需要等待多长时间。

5. 不要忘记横向呈现方式

有时，你或许会忘记手机设备不只有单一的纵向呈现。虽然多数人能够适应只支持纵向模式的应用，但确实有某些人喜欢横向使用他们的设备，尤其是那些有着实体键盘的设备。随着 Android 平板电脑的流行，这类用户的数量可能会逐渐增加。

不要认为横向模式只需简单地加宽应用界面。横向使用设备有着完全不同的用户体验。在这种情况下，你可以用两个拇指与屏幕互动。输入变得更为简单，而且多数情况下你会由左向右阅读，不是由上向下。事实上，如果你的应用需要大量的阅读和文字输入，那么绝对要有良好的横向模式。

对用户来说，横向体验是完全不同的。你可以利用这种更宽的布局，以完全不同的方式呈现信息。例如，之前位于屏幕上方的按键可以移动到屏幕一侧。利用更宽的屏幕，地图、图表和图片可以呈现新的信息。

在设计时，可以先构建和改善一种屏幕方向，然后再制作另一种。注意每种布局的利弊，睿智地加以利用和改良。

6. 应用生态系统

尽管你能够设计出为用户多种不同目标服务的独特应用，但它永远都只是整个动作系列的一个步骤。

想想看你的智能手机所具备的功能：电话记录、联系人、短信息、邮件、浏览器、拍摄照片和视频、GPS 和地图等。利用这些功能。对于所有这些已构建的模块，你无需自行制作。用户已经很熟悉这些标准工具，不要在这些内容上浪费精力。

以下是个简单但极为普遍的动作流程：接到邀请你前往某个地点的电话。查看时间。查看天气。用 Google Maps 搜索该地点。用 Foursquare 签到。那么，你的应用要同整个流程中的哪个部分绑定呢？

没有用户会单纯为了你的应用而摆弄自己的手机设备。但是如果你成功制作了一款优秀的软件，他们会愿意将其整合到日常的手机使用流程中。让用户能够便捷地使用、分享或在网络上搜索有趣信息等功能，使他们交替使用你的应用和其他应用。

许多应用会直接绑定 Android 的分享机制。你可以将此作为应用的优势。

7. 让你的应用更为独特

目前，Android Market 上有数十万款应用。你或许会时常问自己，如何从如此多的同类应用中突出重围。如果你想要构建的又是一款无聊的黑白数独游戏，或者是基于官方代码范例的记录应用，那就很难获得可观的下载量。

不要认为目前市场上已经没有优秀应用的发展空间。用户偏好的应用类型各不相同。有些人偏爱几乎能够做所有事情的记录应用，有些人需要的只是带有同步功能的文本编辑应用，还有些人只是想要个有着清楚 UI 的记录应用。

无论你选择的是哪个方向，要构建带有一定特征的应用。操作系统和核心应用已经为用户提供了所有基本功能。制作某些能够用内置解决方案吸引用户的使用产品，这样才能够脱颖而出。将你的应用视为住在智能手机中的小机器人。它与你交流，告诉你有趣的事情，帮助你完成日常事务。你是希望自己的机器人聪明专业，还是精明可爱，抑或是滑稽搞笑？

在应用构建的开始就要记住这一点。人们喜欢与他们的个性相符的应用。如果你想要构建照片分享应用，可以为其添加各种主题和徽章。如果想要构建的是款定位服务应用，可以考虑将其简化成只具有最基本的功能的应用，让所有内容自动化完成。应用设计愿景的微小改变可能会改变整个应用以及用户的使用方式。

8. 遵守平台指导原则

尽管你的目标是制作出独特的应用，但是并非意味着应用的每个部分都要完全与众不同。谷歌就 Android 应用的设计和开发提供了许多指导性原则。熟悉这些原则。人们能够用来研究现代智能手机的时间比你想象的要少。不要让应用中遍布自定义互动元素，这会让他们的操作更为困难。

学习使用 Android 设备需要用户适应触摸、输入、摇动甚至不时按动硬件按键等操作。他们需要识别输入区域、选择框、模式对话框和菜单等样式。你真的还想给他们增加更多的负担吗?

使用简单和直观的列表。在应用开启屏幕中，用大图标来呈现主要功能。添加标题作为最常用功能的入口，让用户能够随时返回开启屏幕。如果你无法显著提升某些操作的功能，那么就保持原样。人们会认同应用和整个操作系统的一致性。

认真研究谷歌的界面和决策。熟悉整个原则，并在开发应用时用上这些原则。但是，不可过于死板。如果你能够改良某些元素，而且你确信自己的做法比原则建议的更好，那么就勇敢去做!

9. 测试

所有的用户都各不相同，我们必须正视这个问题。你可以在应用中投入尽可能多的精力，但是你不可能令所有人满意。甚至连将应用制作成适合多数人的需求的应用都是件很困难的事情。

不要误解我的说法。你在发布应用前，必须考虑到不同人可能会有不同的使用方式。你需要不同的人来测试应用，由此找出最恼人的问题和漏洞。大公司往往耗资数千美元进行可用性研究，在昂贵的实验室中让数百名不同类型的用户测试应用。

虽然这是个提升应用 UI 的绝妙方法，但多数独立和小型开发商无法承担如此多的费用。但是，也不要以此为借口而放弃应用测试。你可以开展成本低廉的测试，寻找不同的用户群体，由此来大幅改善你的应用，让其能够满足更多用户的需求。

将应用原型安装到你的开发设备上，花点钱购买些小礼物，开展应用测试。先从同事和好友开始，然后再以你从未见过的陌生人为对象。多数人都愿意花点时间来体验全新的东西，只要你足够礼貌甚至愿意为他们费时测试应用提供奖励。

让他们像你预期的那样使用应用，然后细致地观察他们的使用过程。告诉他们目标是什么，但要尽量少地提供帮助，但也别让他们卡在某个地方。很快，你就会发现应用的纰漏和瓶颈。

10. 发布到市场上

你已经制作完成了自己的首个应用。感觉很棒，不是吗？

不要犯许多开发者犯下的某些错误。诚然，你想要将应用发布到市场上，看看用户会有何评价。但是，最后这几个步骤会让你的首次发布更为成功。

确认完成对应用的测试后，我们还需要考虑些小问题。

你上传到 Android Market 的应用还应该带有以下 4 种资产：

（1）应用功能描述；

（2）高清应用图标；

（3）呈现在 Android Market 上的小型推广条幅；

（4）显示在网页版市场中应用旁边的较大“推荐”图像。

不要低估这些资产中的任何一项。精心撰写的介绍和清晰且设计精美的图像会让你的应用显得鹤立鸡群。用户会察觉到你额外投入的这些精力。

如果制作清晰精美的图像或撰写介绍不是你所擅长的事情，可以寻求设计师和撰稿人的帮助。额外付出一些金钱会对应用的成功有所帮助，而且这些只需几个小时便可完成。

如果你想要在应用发布前就开始对其进行推广，可以注册 Twitter、微信或其他账户，制作外观精美的登录页面，开始宣传应用。对于营销而言，多早开始都不为过。培养人们对应用的兴趣，他们会在应用完工前就开始传播。

附录 D　Android 中常见的颜色与值对照表

颜色 名称	Red （红色）	Orange （橙色）	Yellow （黄色）	Purple （紫色）	Green （绿色）	Blue （蓝色）	Cyan （青色）	Brown （棕色）	Grey （灰色）
50 色调	50#fde0dc	50#fff3e0	50#fffde7	50#f3e5f5	50#d0f8ce	50#e7e9fd	50#e0f7fa	50#efebe9	50#fafafa
100 色调	100#f9bdbb	100#ffe0b2	100#fff9c4	100#e1bee7	100#a3e9a4	100#d0d9ff	100#b2ebf2	100#d7ccc8	100#f5f5f5
200 色调	200#f69988	200#ffcc80	200#fff59d	200#ce93d8	200#72d572	200#afbfff	200#80deea	200#bcaaa4	200#eeeeee
300 色调	300#f36c60	300#ffb74d	300#fff176	300#ba68c8	300#42bd41	300#91a7ff	300#4dd0e1	300#a1887f	300#e0e0e0
400 色调	400#e84e40	400#ffa726	400#ffee58	400#ab47bc	400#2baf2b	400#738ffe	400#26c6da	400#8d6e63	400#bdbdbd
500 色调	500#e51c23	500#ff9800	500#ffeb3b	500#9c27b0	500#259b24	500#5677fc	500#00bcd4	500#795548	500#9e9e9e
600 色调	600#dd191d	600#fb8c00	600#fdd835	600#8e24aa	600#0a8f08	600#4e6cef	600#00acc1	600#6d4c41	600#757575
700 色调	700#d01716	700#f57c00	700#fbc02d	700#7b1fa2	700#0a7e07	700#455ede	700#0097a7	700#5d4037	700#616161
800 色调	800#c41411	800#ef6c00	800#f9a825	800#6a1b9a	800#056f00	800#3b50ce	800#00838f	800#4e342e	800#424242
900 色调	900#b0120a	900#e65100	900#f57f17	900#4a148c	900#0d5302	900#2a36b1	900#006064	900#3e2723	900#212121
A100 色调	A100#ff7997	A100#ffd180	A100#ffff8d	A100#ea80fc	A100#a2f78d	A100#a6baff	A100#84ffff	—	—
A200 色调	A200#ff5177	A200#ffab40	A200#ffff00	A200#e040fb	A200#5af158	A200#6889ff	A200#18ffff	—	—
A400 色调	A400#ff2d6f	A400#ff9100	A400#ffea00	A400#d500f9	A400#14e715	A400#4d73ff	A400#00e5ff	—	—
A700 色调	—	A700#ff6d00	A700#ffd600	—	A700#12c700	—	A700#00b8d4	—	—

参考文献

[1] 老肥. 用户体验无处不在——发现生活中的用户体验美［EB/OL］.（2013－09－12）［2014－05－06］http：//www. yixieshi. com/ ucd/14454. html.

[2] 周鸿祎. 什么是好的用户体验［EB/OL］.（2012－08－28）［2014－05－06］http://blog. sina. com. cn/s/blog_ 49f9228d010 15jww. html.

[3] 网易财经. 揭秘小米服务：鲜为人知的 13 个细节［EB/OL］.（2014－06－30）［2014－08－28］http：//money. 163. com/14 /0630/08/9VVOQDCJ00253G87. html.

[4] OEMICIRCLES. 从苹果的用户体验谈用户体验［EB/OL］.（2012－05－30）［2014－05－06］http：//www. doc88. com/p－301948347825. html.

[5] 段红彪. iPhone 6 首发，那些电商们学不会的尖叫体验［EB/OL］.（2014－10－21）［2014－12－20］http：//finance. chinanews. com/ it/2014/10－21/6700134.

[6] 朱一波. 用户体验，如何不坑爹［EB/OL］.（2014－12－30）［2015－01－30］http：//www. csdn. net/article/2014－12－30/2823359.

[7] 李永伦. FaceUI 创始人访谈：移动应用的用户体验［EB/OL］.（2013－04－28）［2014－05－06］http：//www. infoq. com/cn/news/2013/04/FaceUI.

[8] BOGDAN. 20 Innovative User Interface Designs［EB/OL］.（2014－12－21）［2015－05－06］http：//www. topdesignmag. com/20－innovative －user－interface－designs/.

[9] COCOACHINA. APP 引导用户使用的 8 个技巧［EB/OL］.（2013－01－04）［2015－05－06］http：//www. yixieshi. com/pd/12631. html.

[10] Windows Phone 的应用程序平台概述［EB/OL］.（2012－02－09）［2015－05－06］http：//msdn. microsoft. com/library/ff402531（VS. 92）. aspx.

[11] 维基百科. Android 历史版本［EB/OL］.（2015－04－29）［2015－05－06］http://zh. wikipedia. org/wiki/Android 历史版本.

[12] LIUYALI. 三星手机的特点是什么［EB/OL］.（2012－02－07）［2015－05－06］http：//android. tgbus. com/faq/389604. shtml.

[13] 焱真人. 小米突破 1999 是一种必然［EB/OL］.（2015－01－17）［2015－05－

06] http://www.leiphone.com/news/201501/0oKpKlo8wBUO6TP7.html.

[14] BOXI. 2014 年 Android 碎片化报告 [EB/OL]. (2014-08-25) [2015-05-06] http://www.36kr.com/p/214826.html.

[15] ADRIAN KINGSLEY-HUGHES. Android L will mean more fragmentation hell for both users and developers [EB/OL]. (2014-07-20) [2015-05-06] http://www.zdnet.com/article/android-l-will-mean-more-fragmentation-hell-for-both-users-and-developers/.

[16] 爱范儿. Android 设备屏幕碎片化对开发者影响大吗 [EB/OL]. (2014-07-20) [2015-05-06] http://tech.sina.com.cn/mobile/n/2014-07-11/08209488351.shtml.

[17] LITTLE_ ENGINEER. Android UI 设计的一些心得与问题解决 [EB/OL]. (2013-11-28) [2015-05-08] http://www.eoeandroid.com/thread-312566-1-1.html.

[18] 呆呆的呆子. 手机客户端 ue 设计常见的几个亮点（返回按钮的放置） [EB/OL]. (2014-04-01) [2015-05-08] http://www.jianshu.com/p/5r16bc.

[19] 丹丹商城. 15 条移动端实战 UI-UE 注意点 [EB/OL]. (2014-05-10) [2015-05-08] http://wenku.baidu.com/link? url=lWt7SnOaP0r1jpsOicHtDvqT5cgkP9MTN4-oHI6aJbujVkz84U9182POut5FcItsoR6HULJ LYHa1NL_ 6LdizUm9yi8AX8 BUBJbFmWng Gjra.

[20] 第九感. 用户体验的 76 个要素 [EB/OL]. (2010-09-28) [2015-05-08] http://blog.sina.com.cn/s/blog_ 5c11c39e0100 kxqr.html.

[21] KEVIN. 产品设计需遵循用户心理模型 [EB/OL]. (2013-10-28) [2015-05-08] http://www.woshipm.com/pd/49124.html.

[22] FACEVISHOW. 影响手机界面设计用户体验三大要素（原创理论） [EB/OL]. (2015-01-28) [2015-05-08] http://www.zcool.com.cn/article/ZNDc3NDA%3D.html.

[23] 互联网 APP. APP 行业现状分析 [EB/OL]. (2014-12-03) [2015-05-08] http://www.sootoo.com/content/535065.shtml.

[24] JUHANI LEHTIMAKI. 精彩绝伦的 Android UI 设计 [M]. 王东明，译. 北京：机械工业出版社，2014.

[25] 上学吧. 从心理模型和实现模型的匹配谈用户界面设计_ 交互设计 [EB/OL]. (2014-03-15) [2015-05-08] http://www.shangxueba.com/jingyan/2235164.html.

[26] 吴仇. 兼容心理模型和系统模型的交互设计 [EB/OL]. (2010 - 11 - 16) [2015 - 05 - 08] http://soft. yesky. com/news/114/11685114. 5. html.

[27] 中文互联网数据资讯中心. ZDC：2013 年中国 IT 网民 APP 使用行为调查报告 [EB/OL]. (2013 - 10 - 31) [2015 - 05 - 08] http://www. 199it. com/archives/166312. html.

[28] ITWRITER. 为什么你的 App 留不住用户 [EB/OL]. (2014 - 11 - 04) [2015 - 05 - 08] http://news. cnblogs. com/n/507697/.

[29] 优设. 灵感爆棚！22 个知名 APP 启动引导页设计欣赏 [EB/OL]. (2014 - 07 - 09) [2015 - 05 - 08] http://www. uisdc. com /22 - app - guide - page.

[30] ALEXHITLTON. 什么是真正的用户 [EB/OL]. (2014 - 03 - 22) [2015 - 05 - 08] http://blog. csdn. net/hitlion2008/article/details/7385438.

[31] OSCHINA. 设计师是不是真正的用户 [EB/OL]. (2014 - 02 - 18) [2015 - 05 - 08] http://www. oschina. net/news/48960/ designer - is - not - a - user.

[32] 知乎. 创业公司如何确认用户需求 [EB/OL]. (2013 - 01 - 02) [2015 - 05 - 08] http://www. zhihu. com/question/19554587/answer/15851991.

[33] 新浪财经. 万勇：充分挖掘客户需求 [EB/OL]. (2014 - 12 - 02) [2015 - 05 - 08] http://finance. sina. com. cn/hy/20141202/ 120120975588. shtml.

[34] 蜗牛也是牛. 用户需求理解下的需求实现 [EB/OL]. (2011 - 08 - 23) [2015 - 05 - 08] http://www. chinaz. com/manage/2011/ 0823/206401. shtml.

[35] KINGTENT. 神器推荐：JUSTINMIND！为移动设计而生 [EB/OL]. (2013 - 03 - 15) [2015 - 05 - 08] http://www. uisdc. com/justinmind - prototyper - pro.

[36] NICHOLAS. 在一个老外微信 PM 的眼中，中国移动 App UI 那些事儿 [EB/OL]. (2014 - 12 - 09) [2015 - 05 - 08] http://www. 36kr. com /p/217519. html.

[37] 百度百科. 色彩 [EB/OL]. (2014 - 04 - 28) [2015 - 05 - 10] http://baike. baidu. com/subview/37967/5062576. htm#1.

[38] 互动百科. 彩色视觉 [EB/OL]. (2013 - 03 - 28) [2015 - 05 - 10] http://www. baike. com/wiki/% E5% BD% A9% E8% 89% B2% E8% A7% 86% E8% A7% 89.

[39] 百度百科. 视细胞 [EB/OL]. (2013 - 12 - 27) [2015 - 05 - 10] http://baike. baidu. com/view/4428920. htm.

[40] 百度百科. 色彩饱和度 [EB/OL]. (2014 - 04 - 15) [2015 - 05 - 10] http://baike. baidu. com/view/631125. htm.

[41] SUSAN WEINSCHENK. 100 Things Every Designer Needs to Know About People

[M]. 北京：人民邮电出版社，2013.
[42] 手机中国. 屏幕不光只看尺寸 各材质屏幕实战解析 [EB/OL]. (2012 - 06 - 21) [2015 - 05 - 10] http：//www. cnmo. com/guide/ 158299. html.
[43] 25 学堂. APP 移动应用图标视觉设计的 5 项基本原则 [EB/OL]. (2015 - 01 - 17) [2015 - 05 - 10] http：//www. 25xt. com/appdesign /3924. html.
[44] Android 问答. px、dp 和 sp，这些单位有什么区别 [EB/OL]. (2015 - 01 - 18) [2015 - 05 - 10] http：//www. cnblogs. com/bjzhanghao /archive/2012/11/06/2757300. html.
[45] 智慧云端日记. Android 多语言支持以及各国语言 Values 文件夹命名规则 [EB/OL]. (2014 - 07 - 13) [2015 - 05 - 10] http：//www. cnblogs. com/zyw - 205520/p/3848399. html.
[46] 陈启超. Android 资源限定符介绍 [EB/OL]. (2014 - 12 - 15) [2015 - 05 - 10] http：//qichaochen. github. io/2014/11/01/100 - Android - Resource - Introduction/.
[47] nkmnkm 的专栏. android 图形系统详解三：形状 Drawable 和九宫格 [EB/OL]. (2014 - 12 - 07) [2015 - 05 - 10] http：//www. 2cto. com /kf/201204/126277. html.
[48] 堕落的天使. Android 中 Shape Drawable 在 xml 中的使用 [EB/OL]. (2014 - 12 - 07) [2015 - 05 - 10] http：//blog. csdn. net/ygc87/article /details/7673587.
[49] 百度经验. Android 中 shape 的使用 [EB/OL]. (2014 - 12 - 07) [2015 - 05 - 10] http：//jingyan. baidu. com/article/86112f135 13f4127379787b0. html.
[50] 郑涛. Android XML 文件使用 [EB/OL]. (2014 - 12 - 06) [2015 - 05 - 10] http：//www. cnblogs. com/zhengtao/articles/1924940. html.
[51] 伯乐在线. Android 响应式布局 [EB/OL]. (2014 - 08 - 13) [2015 - 05 - 10] http：//blog. jobbole. com/75599/.
[52] 人人都是产品经理，Material Design 复杂响应式设计 [EB/OL]. (2015 - 02 - 10) [2015 - 05 - 10] http：//www. woshipm. com/ ucd/136556. html.
[53] WCC723. Google Material Design 正体中文版 [EB/OL]. (2015 - 02 - 10) [2015 - 05 - 10] http：//wcc723. gitbooks. io/google_ design_ translate/.
[54] 优设. 19 条 ANDROID 平台设计规范 [EB/OL]. (2014 - 04 - 10) [2015 - 05 - 10] http：//www. uisdc. com/android - design - specifications.
[55] 小丸子一枚. 安卓用户体验团队制定的设计原则 [EB/OL]. (2013 - 06 - 27) [2015 - 05 - 10] http：//www. yixieshi. com/ucd/13971. html.

[56] 25 学堂. 用户体验设计之《用户界面设计的 20 条准则》[EB/OL]. (2013 - 06 - 06) [2015 - 05 - 10] http://www.25xt.com/allcode/2441.html.

[57] 百度经验. Android 手机应用 UI 设计的 10 个建议 [EB/OL]. (2013 - 09 - 11) [2015 - 05 - 10] http://jingyan.baidu.com/article/2009576182180bcb0621b464.html.

后　记

从2014年年初书稿内容基本落地，到现在在知识产权出版社的大力支持下，终于与诸位读者见面了。这是笔者在北京市青年英才培养期间完成的一个作品，有幸得到了此项培养计划资助，以及国内外前辈们多方面的研究成果的支持，才有了现如今的微薄成果。

本书的主要内容是Android用户体验和设计方面的纲领、要求和步骤，但是由于技术领域的变化日新月异，也许部分内容在读者看到时已经发生了些许变化，还请各位读者谅解。

回首撰写过程，从定题到确立大纲再到成稿，遇到了写作方面的许多困难以及工作和家庭等方面的诸多压力。正是在此过程中，我真切地感受到了范吉龙、王爱华、徐亚志、徐嘉义、范美玲等对我的包容、理解和支持，同时也得到了挚友刘宝芹、齐京、郑淑晖、孙立友等的鼓励和帮助。

特别要说明的是在确立主题和制订大纲的阶段，负有“金牌作者”盛名的刘瑞新教授给出了很多宝贵的建议和指导性意见，这些内容对后来撰写本书起到了相当重要的作用。

可以说，没有家人、朋友和前辈的关心、帮助和提携，就没有本书。除此之外，知识产权出版社的甄晓玲编辑等也为本书的如期出版付出了许多辛苦，在此一并致谢。

鉴于初次立著，书中难免有不足之处，恳请各位读者批评指正。

笔者

2015年7月